情報幾何学の基礎

情報の内的構造を捉える新たな地平

藤原 彰夫 著

共立出版

本書は 2015 年 8 月に（有）牧野書店から『情報幾何学の基礎（数理情報科学シリーズ 29）』として刊行されましたが，共立出版株式会社が継承し発行するものです．

序

　確率分布からなる空間の幾何学的性質の探究に源を発する情報幾何学は，我々の想像力を刺激する，その卓越した命名も相俟って，多くの数理科学者が自らの研究分野を表すキーワードの1つとして，今日，位置づけられている．情報幾何学の様々な応用例を多角的に紹介するテキストもすでにいくつか出版されている．しかし，全くの初学者を対象とした情報幾何学の入門書は，和書・洋書を問わずこれまで出版されていなかった．このため，情報幾何学を学ぶには，まずは標準的な数学のテキストで多様体の基礎を学び，しかる後に上述のテキストに取り組むというコースをたどることになる．このような現状が，必ずしも数学を専門としない工学系や情報系の学生・研究者にとって障害となり，結果として情報幾何学の真の姿が正しく伝わっていなかったとしたら残念なことである．

　そんな矢先，著者は，大阪大学理学研究科の専攻間教育交流プログラムの一環として，物理学専攻の大学院学生向けに半期の講義を行うことになった．そこでこの機会を利用して，微分幾何学を全く学んだことのない初学者を対象に，大学1年時に学ぶ解析学と線形代数学以上の予備知識をできるだけ仮定せずに情報幾何学の入門的講義を行うことを思い立った．こうした "崇高な" 試みは得てして企画倒れに終わるものだが，幸いにして何とか無事に講義を終了することができた．とはいえ，主として講義時間の制約から多くの話題を割愛せざるを得ず，説明の仕方についても反省点が多く残った．こうした背景のもと，上述の講義メモをベースに，講義で割愛した内容や応用例などを追加し，反省点を改良してできあがったのが本書である．

　本書の構成は以下の通りである．第0章では，大学1年時に学ぶ知識を前提として若干の数学的準備を行う．第1章では，誰もが慣れ親しんでいる Euclid 空間の幾何を，通常とはやや異なる視点から捉え直し，多様体論への橋渡しを行う．平らな空間を曲がった座標系で記述するとどうなるかという愚問が本章のテーマであり，数学的には全く無駄な作業であるため，標準的な数学

のテキストでこのような話題が取り上げられることはまずない．逆説的ではあるが，このようなアプローチが，必ずしも数学を専門としない読者から歓迎されることを期待している．以上の準備を経て，多様体に関する基本事項を第2章と第3章で，情報幾何学の考え方を第4章で説明する．これまでになされた情報幾何学の応用例のほとんどすべてが依拠していた双対平坦構造についても第4章で詳しく論ずる．第5章では，情報幾何学の誕生の由来となった確率分布空間の幾何構造について解説する．ここまでが本書の基礎編に相当する部分であり，ここから先は応用編となる．第6章では統計物理学における情報幾何学的視点について，第7章では統計的推論の背後にある情報幾何構造について，最後の第8章では，近年発展が著しい量子情報理論と深く関係する量子情報幾何構造について，それぞれ紹介する．第6章から第8章は互いにほぼ独立しており，読者は各自の興味に応じて取捨選択して読むことができる．

　上でも述べたように，本書では解析学と線形代数学のごく基本的事項のみを予備知識として仮定しているので，理工系2年次以上の学生であれば，すぐに読み始めることができると思う．本書が情報幾何学の裾野を広げることに少しでも役立つことができたなら，著者にとってこれ以上の喜びはない．

　本書が完成するまでに多くの方々のお世話になった．特に，著者の恩師である甘利俊一先生からは，大所高所から貴重なご助言を頂いた．情報幾何学の真髄をご教授下さった長岡浩司氏は，機会あるごとに著者を熱く激励して下さった．また，本書の大半は著者がケンブリッジ大学滞在中に執筆されたものであるが，同地で大変お世話になったA. P. Dawid教授からは，理想的な環境を提供して頂いた．情報幾何学の創始者に名を連ねる以上の方々に，心からの感謝を申し上げたい．

2015年春

　　　　＊　　　＊　　　＊

　今般，共立出版から新版を刊行するにあたり，旧版となる牧野書店版からの変更は最小限にとどめた．新版刊行の機会を与えて下さった菅沼正裕氏はじめ共立出版編集部の方々に，厚くお礼申し上げたい．

2021年春

藤原　彰夫

目　　次

第0章

準　　備

本章では，以下の章で頻繁に用いる基本事項をまとめておく[1]．いずれも大学1年時のカリキュラムからすぐに手の届く範囲の内容であり，既知の事実も多いと思うが，完全を期すために証明もつけて説明する．もしこの段階で少々難しいと感じる読者がいたら（そういう読者を本書では想定しているのだが），そのときは以下に引用する Halmos の言葉を心に留めてほしい．ともかく，最初は戸惑うかもしれないが，使っているうちに慣れてくるはずなので，心配することはない．

The beginner... should not be discouraged if... he finds that he does not have the prerequisites for reading the prerequisites.　　　　　P. Halmos

0.1　逆写像定理

領域 $D \subset \mathbb{R}^\ell$ で定義された写像

$$\boldsymbol{f} \colon D \longrightarrow \mathbb{R}^n \colon \boldsymbol{x} = {}^t(x_1, \ldots, x_\ell) \longmapsto {}^t(f_1(\boldsymbol{x}), \ldots, f_n(\boldsymbol{x}))$$

---

[1]本書では，位相空間や微分方程式などに関する，より進んだ知識を必要とする箇所がいくつかある．そのような箇所では適宜参考書を引用するが，それらの勉強を後回しにしたとしても，本書の大筋の理解には支障ないはずである．

が $\boldsymbol{x} = \boldsymbol{a}$ で**微分可能**（全微分可能）とは，ある $n \times \ell$ 行列 A が存在して

$$\boldsymbol{f}(\boldsymbol{a} + \boldsymbol{h}) = \boldsymbol{f}(\boldsymbol{a}) + A\boldsymbol{h} + o(\|\boldsymbol{h}\|) \tag{0.1}$$

と書けることであった．このとき A は必然的に $\boldsymbol{f}$ の Jacobi 行列

$$\frac{\partial \boldsymbol{f}}{\partial \boldsymbol{x}} := \begin{bmatrix} \dfrac{\partial f_1}{\partial x_1} & \cdots & \dfrac{\partial f_1}{\partial x_\ell} \\ \vdots & & \vdots \\ \dfrac{\partial f_n}{\partial x_1} & \cdots & \dfrac{\partial f_n}{\partial x_\ell} \end{bmatrix}$$

の $\boldsymbol{x} = \boldsymbol{a}$ での値に一致する．なお，行列の積を考える際には行列の型が重要であるので，上記写像 $\boldsymbol{f}$ の定義では転置記号 ${}^t(x_1, \ldots, x_\ell)$ を用いたが，以下では混乱をきたさない限り，縦ベクトルと横ベクトルはあまり区別しないで用いる．

関数 $F : \mathbb{R}^2 \to \mathbb{R}$ が与えられたとき，F が定める束縛条件 $F(x, y) = 0$ を満たす点 (x, y) の集合を考えよう．例えば $F(x, y)$ が地図上の地点 (x, y) の標高を表す関数だったとすると，グラフ $z = F(x, y)$ は地形図であり，$F(x, y) = 0$ は標高ゼロの地点の集合，すなわち海岸線を表していると考えられる．

さて，x がこの関係式を満たしながら動くとき，それにつられて y も動くので，その関係は $y = f(x)$ という関数の形で書けるであろう．そして F（標高）が十分滑らかな関数だったら，f（海岸線）も十分滑らかになることが期待される．

問題を一般化して，$\mathbb{R}^k \times \mathbb{R}^n$ の領域 D から $\mathbb{R}^n$ への n 個の写像 $F_1(\boldsymbol{x}, \boldsymbol{y})$, $\ldots, F_n(\boldsymbol{x}, \boldsymbol{y})$ が与えられたとする．n 本の拘束条件

$$F_1(\boldsymbol{x}, y_1, \ldots, y_n) = 0$$

$$\vdots$$

$$F_n(\boldsymbol{x}, y_1, \ldots, y_n) = 0$$

を考えると，$\boldsymbol{x} \in \mathbb{R}^k$ を与えるごとに，上記束縛条件をすべて満たす点 $\boldsymbol{y} = (y_1, \ldots, y_n)$ が定まるだろう[2(次頁)]．では，$\boldsymbol{x}$ を動かしたとき，それに伴って定まる $\boldsymbol{y}$ を $\boldsymbol{y} = \boldsymbol{f}(\boldsymbol{x})$ という関数関係で書けるのだろうか．また書けるとした

ら f は連続関数もしくは滑らかな関数になるのだろうか．$F_1, \ldots, F_n$ が十分滑らかな関数だったら，f も滑らかになることが期待される．これを保証するのが陰関数定理である．以下，$F_1, \ldots, F_n$ をまとめて $\boldsymbol{F}$ と書き，$\boldsymbol{x}$ に関する Jacobi 行列を

$$\frac{\partial \boldsymbol{F}}{\partial \boldsymbol{x}} := \begin{bmatrix} \dfrac{\partial F_1}{\partial x_1} & \cdots & \dfrac{\partial F_1}{\partial x_k} \\ \vdots & & \vdots \\ \dfrac{\partial F_n}{\partial x_1} & \cdots & \dfrac{\partial F_n}{\partial x_k} \end{bmatrix} \quad (n \times k \text{ 行列})$$

$\boldsymbol{y}$ に関する Jacobi 行列を

$$\frac{\partial \boldsymbol{F}}{\partial \boldsymbol{y}} := \begin{bmatrix} \dfrac{\partial F_1}{\partial y_1} & \cdots & \dfrac{\partial F_1}{\partial y_n} \\ \vdots & & \vdots \\ \dfrac{\partial F_n}{\partial y_1} & \cdots & \dfrac{\partial F_n}{\partial y_n} \end{bmatrix} \quad (n \times n \text{ 行列})$$

と表すことにする．これらはいずれも $(\boldsymbol{x}, \boldsymbol{y}) \in D$ についての関数（行列に値をとる関数）である．

定理 0.1.1（陰関数定理）．写像 $\boldsymbol{F}: D(\subset \mathbb{R}^k \times \mathbb{R}^n) \to \mathbb{R}^n$ が C^1 級であって，ある点 $(\boldsymbol{a}, \boldsymbol{b}) \in D$ で

$$\boldsymbol{F}(\boldsymbol{a}, \boldsymbol{b}) = \boldsymbol{0}$$

を満たし，かつ，その点における Jacobi 行列

$$\frac{\partial \boldsymbol{F}}{\partial \boldsymbol{y}}(\boldsymbol{a}, \boldsymbol{b})$$

が正則であったとする．このとき，$\boldsymbol{x} = \boldsymbol{a}$ のある近傍 $U (\subset \mathbb{R}^k)$ と，ある C^1 級関数 $\boldsymbol{f}: U \to \mathbb{R}^n$ が存在して，すべての $\boldsymbol{x} \in U$ で

---

[2] そのような $\boldsymbol{y}$ は複数個あるかもしれないし，全くないこともあるだろうが，ここでは少なくとも 1 つ存在する場合を考える．

$$F(x, f(x)) = 0$$

が成り立つ.

　陰関数定理は，例えば Lagrange の未定乗数法を導く際に必要となるので，理工系の学生であれば，必ず大学1年時に学んだはずである．もしかしたら $k = n = 1$ のときだけを学んで，あとは同様として済ませてしまった読者もいるかもしれないが，そのような諸君はこの機会に解析学の教科書[3]を改めて学び直してみることをお勧めする.

　なお，定理の帰結として存在が保証される陰関数 $y = f(x)$ の微分は

$$\frac{\partial f}{\partial x} = - \left(\frac{\partial F}{\partial y} \right)^{-1} \left(\frac{\partial F}{\partial x} \right) \bigg|_{y=f(x)}$$

で与えられることも示せる（両辺とも $n \times k$ 行列である）．そしてこのことから，実は陰関数定理において F が C^r 級なら f も C^r 級であることも結論できるのである.

　以上で準備は整ったので，多様体を学ぶうえで重要な逆写像定理について学ぼう．逆写像定理とは，文字通り，与えられた写像 $f : x \mapsto y$ の逆写像の存在条件を明らかにするものであり，伝統的には逆関数定理とよばれることが多い.

　まずは簡単なところから始めて，1変数の1次関数 $y = mx$ が逆関数を持つための必要十分条件は何であろうか．もちろん答えは $m \neq 0$ であり，そのときには確かに逆関数 $x = \dfrac{1}{m} y$ を持つ.

　1変数1次関数ではあまりに簡単なので，これをより一般の関数に拡張してみよう．まずは変数を n 個に増やしてみる．すなわち線形写像

$$\begin{bmatrix} y_1 \\ \vdots \\ y_n \end{bmatrix} = \begin{bmatrix} a_{11} & \cdots & a_{1n} \\ \vdots & & \vdots \\ a_{n1} & \cdots & a_{nn} \end{bmatrix} \begin{bmatrix} x_1 \\ \vdots \\ x_n \end{bmatrix}$$

---

[3]例えば，杉浦 [1]，笠原 [2] は名著である.

表 0.1　$y = f(x)$ に対する逆写像定理

	x, y が 1 次元	x, y が n 次元
f が線形	$y = mx$ が逆関数を持つための必要十分条件は $m \neq 0$	$\boldsymbol{y} = A\boldsymbol{x}$ が逆写像を持つための必要十分条件は $\det A \neq 0$
f が非線形	$y = f(x)$ が $y = f(a)$ の近傍で逆関数を持つための必要十分条件は $f'(a) \neq 0$	$\boldsymbol{y} = \boldsymbol{f}(\boldsymbol{x})$ が $\boldsymbol{y} = \boldsymbol{f}(\boldsymbol{a})$ の近傍で逆写像を持つための必要十分条件は ?

が逆写像を持つための必要十分条件は何か．大学 1 年時に学ぶ線形代数学によれば，その答えは

$$\det \begin{bmatrix} a_{11} & \cdots & a_{1n} \\ \vdots & & \vdots \\ a_{n1} & \cdots & a_{nn} \end{bmatrix} \neq 0$$

であった．

　次に，変数の数は 1 個のままで，今度は 1 次関数という制約を取り除き，一般の C^1 級関数 $y = f(x)$ を考えてみよう．ただし，ここで考えるのは，大域的に逆関数が存在するための条件ではなく，着目する点 $x = a$ の行き先 $y = f(a)$ の近傍で逆関数が "局所的に" 存在するための条件としよう．するとこれは，$x = a$ における関数の 1 次近似（接線）を考えることにより，答えは $f'(a) \neq 0$ である．

　以上の考察を整理したのが表 0.1 である．我々が目指すのは表の右下にある？の部分，すなわち x が 1 次元という制約も f が 1 次関数という制約も共に外してしまったらどうなるか，ということであるが，上で述べた 2 つの方向の一般化を眺めていると，答えのおおよその見当がつく．微分の定義 (0.1) に基づき，着目する点の近傍で写像 $y = f(x)$ を線形写像で近似するとき，現れる係数行列 A の行列式がゼロでない，というのがその答えであろう．これを定理として述べたのが次の逆写像定理である．

定理 0.1.2（逆写像定理）．点 $a = (a_1, \ldots, a_n)$ を含む領域 $D \subset \mathbb{R}^n$ から $\mathbb{R}^n$ への C^1 級写像

$$f : D \longrightarrow \mathbb{R}^n \ : \ x = (x_1, \ldots, x_n) \longmapsto y = (f_1(x), \ldots, f_n(x))$$

が，点 $f(a) \in \mathbb{R}^n$ の近傍で C^1 級の逆写像を持つための必要十分条件は，f の Jacobi 行列 $\dfrac{\partial f}{\partial x}$ が点 $x = a$ で正則であること，すなわちヤコビアン（Jacobian，関数行列式）

$$\det \left(\frac{\partial f}{\partial x} \right)$$

が点 $x = a$ でゼロでないことである．

証明（必要性）$y = f(a)$ のある近傍 U で定義された C^1 級の逆写像

$$g : U \to \mathbb{R}^n$$

が存在したとすると，$x = a$ の近傍で $g(f(x)) = x$ が成り立つ．詳しく書けば

$$g_i \left(f_1(x_1, \ldots, x_n), \ldots, f_n(x_1, \ldots, x_n) \right) = x_i \qquad (i = 1, \ldots, n)$$

両辺を x_j で偏微分して

$$\sum_{k=1}^{n} \frac{\partial g_i}{\partial y_k} \frac{\partial f_k}{\partial x_j} = \delta_{ij} \tag{0.2}$$

を得る．ここに δ_{ij} は Kronecker のデルタである．関係式 (0.2) を行列の積の形で書くと，

$$\left(\frac{\partial g}{\partial y} \right) \left(\frac{\partial f}{\partial x} \right) = I \tag{0.3}$$

つまり 2 つの Jacobi 行列 $\dfrac{\partial g}{\partial y}$ と $\dfrac{\partial f}{\partial x}$ は互いに逆行列なので，特に $x = a$ における Jacobi 行列 $\dfrac{\partial f}{\partial x}(a)$ は正則である．

（十分性）$b := f(a)$ とし，$F : \mathbb{R}^n \times D \to \mathbb{R}^n$ を

$$F(y, x) := y - f(x)$$

で定義すると，F は C^1 級であって，$F(b, a) = b - f(a) = 0$. しかも

$$\frac{\partial F}{\partial x}(b, a) = -\frac{\partial f}{\partial x}(a)$$

は仮定より正則．従って陰関数定理より，点 $y = b$ のある近傍 $U \ (\subset \mathbb{R}^n)$ と，ある C^1 級関数 $g : U \to \mathbb{R}^n$ が存在して，すべての $y \in U$ で $F(y, g(y)) = 0$,
すなわち $f(g(y)) = y$ となる． □

注 0.1.3. 上記証明中で導いた等式 (0.2) は，今後頻繁に用いる重要な関係式である．

$$\sum_{k=1}^{n} \frac{\partial x_i}{\partial y_k}\frac{\partial y_k}{\partial x_j} = \delta_{ij} \tag{0.4}$$

と書くこともある．もちろんこの式において，$\dfrac{\partial x_i}{\partial y_k}$ に登場する x_i は $(y_1, \ldots, y_n)$ の関数と見なし，逆に $\dfrac{\partial y_k}{\partial x_j}$ に登場する y_k は $(x_1, \ldots, x_n)$ の関数と見なすという，記法上自然な暗黙の了解があることはいうまでもない．

余談ながら，1 変数関数 $y = f(x)$ の導関数とその逆関数 $x = g(y)$ の導関数の間に成り立つ関係式

$$\frac{dx}{dy} = \frac{1}{\dfrac{dy}{dx}}$$

は，(0.4) で $n = 1$ とした特別な場合に相当する．$n = 1$ のときは Jacobi 行列が 1×1 行列になるからである．従って，これを多変数に拡張（？）した関係式

$$\frac{\partial x_i}{\partial y_k} = \frac{1}{\dfrac{\partial y_k}{\partial x_i}}$$

は一般には成り立たない．関係式 (0.3) は，2 つの Jacobi 行列が互いに逆行列であることを意味しているのであって，$n \geq 2$ の場合は成分ごとに互いに逆数となっているわけではないのである．

注 0.1.4. 逆写像定理（の十分性）を導く際に陰関数定理を用いたが，逆に逆写像定理から陰関数定理を導くこともできる．つまり逆写像定理と陰関数定理は同等なのである．実際，陰関数定理に登場する C^1 級写像 $\boldsymbol{F}: D \, (\subset \mathbb{R}^k \times \mathbb{R}^n) \to \mathbb{R}^n$ から，新たな C^1 級写像 $\tilde{\boldsymbol{F}}: D \to \mathbb{R}^k \times \mathbb{R}^n$ を

$$\tilde{\boldsymbol{F}}(\boldsymbol{x}, \boldsymbol{y}) = (\tilde{\boldsymbol{x}}, \tilde{\boldsymbol{y}}) := (\boldsymbol{x}, \boldsymbol{F}(\boldsymbol{x}, \boldsymbol{y}))$$

で定義すると，点 $(\boldsymbol{a}, \boldsymbol{b}) \in D$ での $\tilde{\boldsymbol{F}}$ のヤコビアンは

$$\det \left[\frac{\partial(\tilde{\boldsymbol{x}}, \tilde{\boldsymbol{y}})}{\partial(\boldsymbol{x}, \boldsymbol{y})} \right]_{(a,b)} = \det \begin{bmatrix} I & O \\ \dfrac{\partial \boldsymbol{F}}{\partial \boldsymbol{x}}(\boldsymbol{a}, \boldsymbol{b}) & \dfrac{\partial \boldsymbol{F}}{\partial \boldsymbol{y}}(\boldsymbol{a}, \boldsymbol{b}) \end{bmatrix}$$
$$= \det \frac{\partial \boldsymbol{F}}{\partial \boldsymbol{y}}(\boldsymbol{a}, \boldsymbol{b}) \neq 0$$

よって逆写像定理より，点 $\tilde{\boldsymbol{F}}(\boldsymbol{a}, \boldsymbol{b}) = (\boldsymbol{a}, \boldsymbol{F}(\boldsymbol{a}, \boldsymbol{b})) = (\boldsymbol{a}, \boldsymbol{0})$ のある近傍で $\tilde{\boldsymbol{F}}$ の C^1 級逆写像 $\tilde{\boldsymbol{G}}$ が存在して

$$(\boldsymbol{x}, \boldsymbol{y}) = \tilde{\boldsymbol{G}}(\tilde{\boldsymbol{x}}, \tilde{\boldsymbol{y}})$$

特に写像 $\tilde{\boldsymbol{F}}$ の作り方から，この逆写像は

$$(\boldsymbol{x}, \boldsymbol{y}) = (\tilde{\boldsymbol{x}}, \tilde{g}(\tilde{\boldsymbol{x}}, \tilde{\boldsymbol{y}}))$$

の型となる．これより，関係式

$$\tilde{\boldsymbol{y}} = \boldsymbol{F}(\tilde{\boldsymbol{x}}, \tilde{g}(\tilde{\boldsymbol{x}}, \tilde{\boldsymbol{y}}))$$

が，点 $(\boldsymbol{a}, \boldsymbol{0})$ の近傍にあるすべての点 $(\tilde{\boldsymbol{x}}, \tilde{\boldsymbol{y}})$ に対して成り立つことが分かるので，特に部分集合 $\tilde{\boldsymbol{y}} = \boldsymbol{0}$ 上に制限して

$$\boldsymbol{0} = \boldsymbol{F}(\tilde{\boldsymbol{x}}, \tilde{g}(\tilde{\boldsymbol{x}}, \boldsymbol{0}))$$

を得る．これは，$\boldsymbol{F}(\boldsymbol{x}, \boldsymbol{f}(\boldsymbol{x})) = \boldsymbol{0}$ を満たす C^1 級関数 $\boldsymbol{f}(\boldsymbol{x}) := \tilde{g}(\boldsymbol{x}, \boldsymbol{0})$ が $\boldsymbol{x} = \boldsymbol{a}$ の近傍に存在することを意味している．これは陰関数定理の主張に他ならない．

0.2　双対空間

V を $\mathbb{R}$ 上の有限次元線形空間とする．V から $\mathbb{R}$ への線形写像を V 上の**線形汎関数**という．V 上の線形汎関数全体からなる集合を V^* と書くことにする．$f, g \in V^*$ と $a, b \in \mathbb{R}$ に対し，写像 $af + bg$ を

$$(af + bg)(x) := af(x) + bg(x) \qquad (\forall x \in V)$$

で定義すれば，これも V 上の線形汎関数であるから，V^* も $\mathbb{R}$ 上の線形空間になる．線形空間 V^* を V の**双対空間**という．

V は n 次元とし，$\{e_1, \ldots, e_n\}$ を V の 1 つの基底とする．各 $i = 1, \ldots, n$ に対し，V^* の元 f^i を

$$f^i(e_j) := \delta^i_j \qquad (\forall j = 1, \ldots, n)$$

を満たすように定めよう．これがどんな線形写像なのかを見るために，一般の元 $x \in V$ を $x = \sum_{j=1}^n x^j e_j$ と分解して f^i を作用させてみると，線形性から

$$f^i(x) = f^i\left(\sum_{j=1}^n x^j e_j\right)$$

$$= \sum_{j=1}^n x^j f^i(e_j) = \sum_{j=1}^n x^j \delta^i_j = x^i$$

つまり f^i とは，基底 $\{e_j\}_{j=1}^n$ を用いて $x \in V$ を展開した際の第 i 成分 x^i を与える射影である．

次の定理により，$\{f^1, \ldots, f^n\}$ は V^* の 1 つの基底になる．これを $\{e_1, \ldots, e_n\}$ の**双対基底**という．特に V^* も n 次元である．

定理 0.2.1. $\{f^1, \ldots, f^n\}$ は V^* の 1 つの基底である．

証明　まず $\{f^i\}_{i=1}^n$ が 1 次独立であること，すなわち $\sum_i a_i f^i = 0$ ならば，すべての係数 a_i がゼロであることを示そう．$\sum_i a_i f^i = 0$ とは，左辺が線形汎関数としてゼロ，すなわちすべての $x \in V$ に対して $\left(\sum_i a_i f^i\right)(x) = 0$ ということだから，特に $x = e_j$ とすると，

$$0 = \left(\sum_i a_i f^i \right)(e_j) = \sum_i a_i f^i(e_j) = \sum_i a_i \delta^i_j = a_j$$

j は任意だから，1次独立であることが示せた．

次に $\{f^i\}_{i=1}^n$ が V^* を張ること，すなわち V^* の任意の元 f が $\{f^i\}_{i=1}^n$ の1次結合で表せることを示そう．実際，$a_i = f(e_i)$ とおくと，$f = \sum_i a_i f^i$ となるのである．確認してみよう．

$$\left(\sum_i a_i f^i \right)(e_j) = \sum_i a_i f^i(e_j) = \sum_i a_i \delta^i_j = a_j = f(e_j)$$

これがすべての j で成り立つので，$f = \sum_i a_i f^i$ が結論される．　　　□

さて，V^* 自身も線形空間なので，その双対空間 $(V^*)^*$ を考えることができるが，実はこれは V 自身と同一視できる．実際，各 $x \in V$ に対し，V^* 上の線形汎関数 $\tilde{x}$ を

$$\tilde{x}(f) := f(x) \qquad (\forall f \in V^*)$$

で定めると，対応 $x \mapsto \tilde{x}$ は V から $(V^*)^*$ への線形同型を与える．そこでこの1対1対応を介して x と $\tilde{x}$ を同じものとみなせば[4]，$(V^*)^*$ は V と同一視できるのである．この事実を $(V^*)^* \simeq V$ と書く．

0.3　テンソル

n 次元実線形空間 V に対し，次の型の写像[5]

---

[4]異なるものを同じと見なす（同一視する）というのは，高度な精神的修練を要する抽象的作業ではあるが，慣れの問題という側面もある．例えば，3個のリンゴと3個のミカンは，「個数」という属性に限って見れば（すなわち，リンゴやミカンといったこの世界への現れ方の多様性を無視すれば）同一視できる．$(V^*)^* \simeq V$ においても，V^* 上の線形汎関数としての同型対応，すなわち線形構造を保つ1対1対応 $x \mapsto \tilde{x}$ を介して，2つの異なる世界を同一視しているのである．

[5]$A_1, \ldots, A_k$ を集合とするとき，それぞれの集合から元を1つずつとってきて並べた組 $(a_1, \ldots, a_k)$ 全体からなる集合 $\{(a_1, \ldots, a_k) ; a_i \in A_i\}$ を $A_1, \ldots, A_k$ の**直積集合**といい $A_1 \times \cdots \times A_k$ と書く．特に $\underbrace{A \times \cdots \times A}_{k}$ を A^k で表す．

$$F : \overbrace{V^* \times \cdots \times V^*}^{r} \times \underbrace{V \times \cdots \times V}_{s} \longrightarrow \mathbb{R}$$

であって，$F(\omega^1, \ldots, \omega^r, v_1, \ldots, v_s)$ が各変数について（他の変数を固定したとき）線形関数となるものを，(r, s) **型テンソル**という[6]. (r, s) 型テンソル全体の集合を $V^{(r,s)}$ と書くことにすれば，$V^{(r,s)}$ は次の演算により自然な実線形空間となる.

$$(aF)(\omega^1, \ldots, \omega^r, v_1, \ldots, v_s) := a\left\{F(\omega^1, \ldots, \omega^r, v_1, \ldots, v_s)\right\}$$
$$(F + G)(\omega^1, \ldots, \omega^r, v_1, \ldots, v_s) := F(\omega^1, \ldots, \omega^r, v_1, \ldots, v_s)$$
$$+ G(\omega^1, \ldots, \omega^r, v_1, \ldots, v_s)$$

例 0.3.1.

$$V^{(0,1)} = V^*, \qquad V^{(1,0)} = (V^*)^* \simeq V$$

さらに，(r, s) 型テンソル F と (r', s') 型テンソル G が与えられたとき，F と G の**テンソル積**とよばれる新たな $(r + r', s + s')$ 型テンソル

$$F \otimes G : \overbrace{V^* \times \cdots \times V^*}^{r} \times \overbrace{V^* \times \cdots \times V^*}^{r'}$$
$$\times \underbrace{V \times \cdots \times V}_{s} \times \underbrace{V \times \cdots \times V}_{s'} \longrightarrow \mathbb{R}$$

を

$$(F \otimes G)(\omega^1, \ldots, \omega^r, \omega^{r+1}, \ldots, \omega^{r+r'}, v_1, \ldots, v_s, v_{s+1}, \ldots, v_{s+s'})$$
$$:= F(\omega^1, \ldots, \omega^r, v_1, \ldots, v_s)\, G(\omega^{r+1}, \ldots, \omega^{r+r'}, v_{s+1}, \ldots, v_{s+s'})$$

で定義する. 3 つ以上のテンソルのテンソル積も同様である.

さて，$\{e_1, \ldots, e_n\}$ を V の 1 つの基底とし，その双対基底を $\{f^1, \ldots, f^n\}$ としよう. このとき，各 $F \in V^{(r,s)}$ に対して n^{r+s} 個の実数の組

$$F^{i_1, \ldots, i_r}_{j_1, j_s} := F(f^{i_1}, \ldots, f^{i_r}, e_{j_1}, \ldots, e_{j_s})$$
$$(1 \leq i_1, \ldots, i_r, j_1, \ldots, j_s \leq n)$$

---

[6] r **次反変**，s **次共変テンソル**ともいう. なお，便宜上，$(0, 0)$ 型テンソルは実数のこととする.

が一意に定まる．この実数の組を，V の基底 $\{e_1, \ldots, e_n\}$ に関する F の**成分**という．

逆に，V のある基底 $\{e_1, \ldots, e_n\}$ と実数の組 $(F^{i_1,\ldots,i_r}{}_{j_1,\ldots,j_s})$ が与えられると，その基底に関する成分が $(F^{i_1,\ldots,i_r}{}_{j_1,\ldots,j_s})$ となるテンソル F がただ 1 つ定まる．実際，インデックスの組

$$(k_1, \ldots, k_r, \ell_1, \ldots, \ell_s) \qquad (1 \le k_1, \ldots, k_r, \ell_1, \ldots, \ell_s \le n)$$

を任意に 1 つ固定するとき，成分が

$$F^{i_1,\ldots,i_r}{}_{j_1,\ldots,j_s} = \begin{cases} 1, & (i_1, \ldots, i_r, j_1, \ldots, j_s) = (k_1, \ldots, k_r, \ell_1, \ldots, \ell_s) \\ 0, & \text{それ以外} \end{cases}$$

となる (r, s) 型テンソルがただ 1 つ定まる．それを

$$e_{k_1} \otimes \cdots \otimes e_{k_r} \otimes f^{\ell_1} \otimes \cdots \otimes f^{\ell_s}$$

と書くことにしよう[7]．すると，これら全体が $V^{(r,s)}$ の 1 つの基底となり，成分 $(F^{i_1,\ldots,i_r}{}_{j_1,\ldots,j_s})$ を持つテンソル F は次のように 1 次結合で表される．

$$F = \sum_{i_1,\ldots,i_r,j_1,\ldots,j_s} F^{i_1,\ldots,i_r}{}_{j_1,\ldots,j_s}\, e_{i_1} \otimes \cdots \otimes e_{i_r} \otimes f^{j_1} \otimes \cdots \otimes f^{j_s}$$

なお，以下では上つきのインデックスと下つきのインデックスで同じ記号がペアで現れた場合，その記号については自動的に和をとるものと約束し，$\sum$ 記号を省略する．これを **Einstein の和の規約**という．例えば，上記 F は

$$F = F^{i_1,\ldots,i_r}{}_{j_1,\ldots,j_s}\, e_{i_1} \otimes \cdots \otimes e_{i_r} \otimes f^{j_1} \otimes \cdots \otimes f^{j_s}$$

という具合に略記される．

このように，基底を固定すれば，テンソル F とその成分 $(F^{i_1,\ldots,i_r}{}_{j_1,\ldots,j_s})$ とが 1 対 1 に対応するので，以下では $F = (F^{i_1,\ldots,i_r}{}_{j_1,\ldots,j_s})$ と表すことにする[8]．

さて，テンソルの成分表示を用いれば，同型 $(V^*)^* \simeq V$ はほとんど自明に

---

[7]これをテンソル積の記法で書くのは唐突に思うかもしれないが，$e_i \in V \simeq (V^*)^*$ を $(1,0)$ 型テンソル，$f^j \in V^*$ を $(0,1)$ 型テンソルと見なせることを思い出せば，納得できるであろう．

[8]これは線形写像を行列で表すのと全く同じ着想である．なお，成分 $F^{i_1,\ldots,i_r}{}_{j_1,\ldots,j_s}$ を $F^{i_1\cdots i_r}{}_{j_1\cdots j_s}$ と略記することもある．

なる．V の基底 $\{e_i\}_i$ を任意に固定し，その双対基底を $\{f^i\}_i$ とする．そして $\tilde{x} \in (V^*)^* = V^{(1,0)}$ を任意にとる．$\tilde{x}$ の成分表示を $\tilde{x} = (x^i)$ としよう．すなわち $x^i := \tilde{x}(f^i) \in \mathbb{R}$ である．次に，この成分 (x^i) から V の元 $x := x^i e_i$ を作る．この $x \in V$ と $\tilde{x} \in (V^*)^*$ とを同一視してしまうのが同型 $V \simeq (V^*)^*$ の考え方であった．成分表示 (x^i) を介して

$$(V^*)^* \ni \tilde{x} \quad \longleftrightarrow \quad (x^i) \quad \longleftrightarrow \quad x \in V$$

と頭の中で翻訳すれば，同型性は自明であろう．

同様に考えて，$(1, s)$ 型テンソル

$$F : V^* \times V^s \longrightarrow \mathbb{R}$$

を，V^s 上のある s 重線形写像

$$\tilde{F} : V^s \longrightarrow V$$

と同一視するということもしばしば行われる．具体的には

$$\left(F^i{}_{j_1 \cdots j_s}\right)_{i, j_1, \ldots, j_s} \quad \longleftrightarrow \quad \left(F^i{}_{j_1 \cdots j_s} e_i\right)_{j_1, \ldots, j_s}$$

という 1 対 1 対応に基づき，$(1, s)$ 型テンソル $F = \left(F^i{}_{j_1 \cdots j_s}\right)_{i, j_1, \ldots, j_s}$ を

$$\tilde{F}(e_{j_1}, \ldots, e_{j_s}) = F^i{}_{j_1 \cdots j_s} e_i$$

で定まる s 重線形写像 $\tilde{F}$ に対応づけるのである．この同一視はテンソル場を扱う 2.5 節で再び登場し，3.3 節で $(1, 3)$ 型の曲率テンソル場や $(1, 2)$ 型の捩率テンソル場を導入する際の暗黙の了解となる．

第1章

Euclid平面の幾何

　本章では，誰もが慣れ親しんでいる Euclid 空間，特に Euclid 平面を題材にして，平らな空間を（わざと）曲がった座標系を介して眺めたらどう見えるかを調べてみようと思う．そんなムダなことをして何になる，と考える読者もいるかもしれないが，初学者にとっては手頃な準備運動になると思うし，少し微分幾何をかじったことのある読者にとっても全くの無駄にはならないだろうと期待している．私は回り道をするのが好きである．いつもは車で通り過ぎてしまう町を，ふとある日，途中下車して歩いてみたら，車の通らない裏通りに，意外にも素敵な教会を発見したりするものである．

　本章では特に，ベクトル場という幾何学的な対象とその微分について考えてみたい．形式的には Riemann 幾何とパラレルな定式化が可能であることが分かるだろう．もちろん，形式的にパラレルだからといって，全く同じではない．その違いを述べるためには，第3章で導入する曲率や捩率という概念の登場を待たねばならない．

1.1　Euclid 空間

　Euclid 空間がどんなものかは誰もが（少なくとも直感的には）理解していると思うが，数学的には内積を有する実アファイン空間として定義される．ここで実アファイン空間とは，集合 $\mathcal{A}$ と実線形空間 V のペア $(\mathcal{A}, V)$ であって，

V が加法群として $\mathcal{A}$ に自由かつ推移的に作用しているものである，というのが数学的に簡潔な定義だが，本書で想定している読者にとっては抽象的にすぎると思うので，やり直そう．

　1点 $P \in \mathcal{A}$ を任意に固定して，そこが世界の中心（原点）だと思うことにする．このとき，その点から別の点までの変位が線形空間 V の元で（ただ1通りに）表せるような空間がアファイン空間である．平たく言えば，絶対的な原点があるのが線形空間，どこに原点をとってもよいのがアファイン空間である．Arnold はその有名な本の中で，「古典力学的世界はアファイン空間であるが，昔は線形空間と考えられていた」と述べている[1]．昔の世界観とは，もちろん地球を原点とする天動説のことである．

1.2　座 標 系

　図 1.1-1.4 は Euclid 平面上に描いた様々な座標系の例である．図 1.1 は直交座標系（カーテシアン（Cartesian）座標系）とよばれるもので，Euclid 空間に導入された内積構造を利用して，座標軸が互いに直交するようにしたものである．高校以来，慣れ親しんできたのはこの座標系である．直交（内積）という構造を忘れてしまえば，図 1.2 の斜交座標系が得られる．これは必ずしも直交しなくてもよいが，まっすぐな座標軸からなる座標系である．

　ところで，なぜ座標軸はまっすぐなのだろうか？　実はまっすぐである必要はない．実際，誰もが知っている曲がった座標系の代表が，図 1.3 の極座標系である．ここでは，固定された原点と固定された方向を基準に測った距離 r と角度 θ のペア (r, θ) で平面の点を指定するものである．このように考えると，平面上の点をただ1つ指定できさえすれば，座標軸自体はどんなに曲がっていてもいいではないかと思われる．このような着想に基づいて描いてみたのが，図 1.4 の曲線座標系である．

　以上は直感に基づく説明であるが，これを数学的に定義してみよう．

　便宜的に，本章では直交座標系を $z = (z^\lambda)_{\lambda=1,2}$ という記号で表し，その他の一般の座標系を $x = (x^i)_{i=1,2}$ や $\xi = (\xi^a)_{a=1,2}$ で表すことにする．なお，異

---

[1] V. I. アーノルド『古典力学の数学的方法』岩波書店．

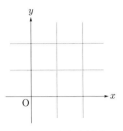

図 1.1　直交座標系

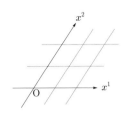

図 1.2　斜交座標系

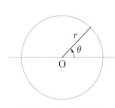

図 1.3　極座標系

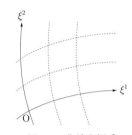

図 1.4　曲線座標系

なる座標系を識別するために，一見して違うグループをなすインデックス，例えば z については λ, μ, ν を用い，x については i, j, k を用い，ξ については a, b, c を用いるなどというように，インデックス自身に座標系の違いを暗に語らせる方法を **Schouten**（スハウテン）**の記法**という．座標系などという幾何学的でないものを極力排除してきた現代幾何学ではすっかり廃れてしまった記法ではあるが，使ってみるととても便利なので，本書では Schouten の記法を積極的に用いることにする．

　平面 $\mathbb{R}^2$ から $\mathbb{R}^2$ の C^r 級写像 $\varphi : (\xi^1, \xi^2) \mapsto (z^1, z^2)$ の Jacobi 行列

$$\frac{\partial \varphi}{\partial \xi} = \begin{bmatrix} \dfrac{\partial z^1}{\partial \xi^1} & \dfrac{\partial z^1}{\partial \xi^2} \\ \dfrac{\partial z^2}{\partial \xi^1} & \dfrac{\partial z^2}{\partial \xi^2} \end{bmatrix}$$

が正則なら，逆写像定理（定理 0.1.1）より，局所的に C^r 級の逆写像 φ^{-1} が存在する．つまり，ある領域 $U \subset \mathbb{R}^2$ が存在して $\varphi : U \to \varphi(U)$ は全単射（1 対 1 かつ上への写像）であって，φ も φ^{-1} も C^r 級となる（このような写像を C^r 級微分同相写像という）．このとき，φ は $W = \varphi(U)$ 上に**曲線座標系**

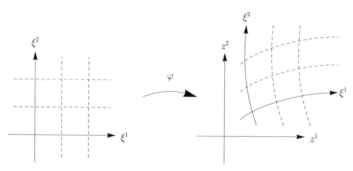

図 1.5　曲線座標系

を定めるという.

　図 1.5 はこのアイデアを直感的に図示したものである. もっと理解を深める
ために, 具体例をいくつか考えてみよう.

　例 1.2.1（斜交座標系）. 写像 $\varphi : (x^1, x^2) \mapsto (z^1, z^2)$ を

$$
\begin{bmatrix} z^1 \\ z^2 \end{bmatrix} = \begin{bmatrix} a^1{}_1 & a^1{}_2 \\ a^2{}_1 & a^2{}_2 \end{bmatrix} \begin{bmatrix} x^1 \\ x^2 \end{bmatrix} + \begin{bmatrix} b^1 \\ b^2 \end{bmatrix} \tag{1.1}
$$

で定義しよう[2]. φ が曲線座標系を定めるための条件は Jacobi 行列が正則, す
なわち

$$
\det \left(\frac{\partial z}{\partial x} \right) = \det \begin{bmatrix} a^1{}_1 & a^1{}_2 \\ a^2{}_1 & a^2{}_2 \end{bmatrix} \neq 0
$$

である. このとき, 写像 (1.1) を**アファイン変換**といい, 座標系 $x = (x^1, x^2)$
を Euclid 平面 $\mathbb{R}^2$ の**アファイン座標系**という. アファイン座標系は, 2 組の互
いに "平行" な直線族からなる座標系である (図 1.6).

　例 1.2.2（極座標系）. 写像 $\varphi : (r, \theta) \mapsto (z^1, z^2)$ を

$$
\begin{cases} z^1 = r \cos \theta \\ z^2 = r \sin \theta \end{cases} \tag{1.2}
$$

---

[2] 係数行列のインデックスに上つきと下つきが現れているが, これは Einstein の和の規約を意識
してのことである.

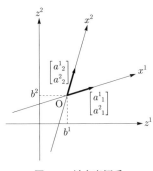

図 1.6　斜交座標系

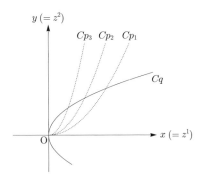

図 1.7　放物線座標系

で定義すると，写像 φ のヤコビアンは

$$\det \begin{bmatrix} \cos\theta & -r\sin\theta \\ \sin\theta & r\cos\theta \end{bmatrix} = r$$

であるから，$r \neq 0$ であれば，$(z^1, z^2) = (r\cos\theta, r\sin\theta)$ のある近傍で逆写像 $(z^1, z^2) \mapsto (r, \theta)$ が存在する.

例 1.2.3（放物線を座標曲線とする座標系）．p, q をゼロでない実数とし，2 つの放物線

$$C_p : y = p\,x^2, \qquad C_q : x = q\,y^2$$

を考えよう．簡単な計算により，C_p と C_q は原点以外に唯一の交点 $\mathrm{P}(x_0, y_0)$ を持つ．ここに

$$x_0 = p^{-\frac{2}{3}}q^{-\frac{1}{3}}, \qquad y_0 = p^{-\frac{1}{3}}q^{-\frac{2}{3}}$$

そこで，与えられた組 (p, q) に対し，この交点 $\mathrm{P}(x_0, y_0)$ を対応させる写像を φ としよう．すなわち $\varphi : (p, q) \mapsto (p^{-\frac{2}{3}}q^{-\frac{1}{3}}, p^{-\frac{1}{3}}q^{-\frac{2}{3}})$ である．このときヤコビアンは

$$\det \begin{bmatrix} -\dfrac{2}{3}p^{-\frac{5}{3}}q^{-\frac{1}{3}} & -\dfrac{1}{3}p^{-\frac{2}{3}}q^{-\frac{4}{3}} \\[2mm] -\dfrac{1}{3}p^{-\frac{4}{3}}q^{-\frac{2}{3}} & -\dfrac{2}{3}p^{-\frac{1}{3}}q^{-\frac{5}{3}} \end{bmatrix} = \frac{1}{3}p^{-2}q^{-2} \neq 0$$

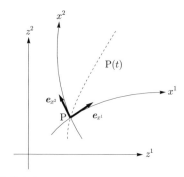

図 1.8　座標曲線方向の接ベクトルと曲線 P(t) に沿った接ベクトル

だから，局所的に曲線座標系を定めるはずである．

　具体的に見てみよう．写像 φ は，pq 平面の第 1 象限 $U = \{(p,q)\,;\ p > 0,\ q > 0\}$ と xy 平面の第 1 象限 $\varphi(U) = \{(x,y)\,;\ x > 0,\ y > 0\}$ の間の C^∞ 級微分同相写像を与えている．そして，例えば q を固定して p を動かすと，図 1.7 のような "座標曲線" C_p の族が得られ，それに応じて交点 P も移動する．このように，各 $(p,q) \in U$ に対し，座標曲線 C_p と C_q の組が定める交点 P $\in \varphi(U)$ の座標を (p,q) と表すのが，上で考案した "放物線座標系" である．言い換えれば，$\mathbb{R}^2$ の第 1 象限の各点は，直交座標 (x_0, y_0) を用いても放物線座標 (p,q) を用いても，ただ 1 通りに定めることができる．なお，C_q を固定して C_p を動かすと，交点 P は C_q 上を動くから，曲線 C_q はいわば "p-軸" であることに注意.

1.3　接ベクトル

　本節では，曲線に沿った接ベクトルというものを考えてみよう．図 1.7 において，一方の座標曲線 C_q を固定して，他方の座標曲線 C_p を少しずつ変化させると，その交点も少しずつ変化していく．従って，その交点が定める動点 P の速度ベクトル，すなわち曲線 C_q の接ベクトルでもって，座標軸 p 方向の接ベクトルを定義すればよいであろう．このアイデアを象徴的に表したのが図 1.8 である．点 P の x^2 座標を固定して x^1 を動かしたときに交点として定まる動点の速度ベクトル，すなわち点 P における座標軸 x^1 方向の接ベクトルは

$$e_{x^1} := e_{x^1}(P) := \frac{\partial P}{\partial x^1}$$

である．同様に点 P における座標軸 x^2 方向の接ベクトルは

$$e_{x^2} := e_{x^2}(P) := \frac{\partial P}{\partial x^2}$$

となる．一般の方向を向いた接ベクトルを考えるには，そちらの方向に走っている曲線を考えればよい．$t = 0$ で点 P を通る曲線を $P(t)$ としよう（図 1.8）．すると，この曲線に沿って動いたときの $t = 0$ での速度ベクトルは

$$v := \left. \frac{dP(t)}{dt} \right|_{t=0}$$

である．混乱の恐れがない限り，以下ではこれを

$$\frac{dP}{dt}$$

と略記する．

さて，上で求めた各座標軸方向の接ベクトルの組 $\{e_{x^1}, e_{x^2}\}$ は，点 P から生えているベクトル全体からなる線形空間の基底をなす．これを座標系 $(x^i)_{i=1,2}$ に関する**自然基底**とよぼう．すると，ベクトル v は基底 $\{e_{x^i}\}_{i=1,2}$ の 1 次結合で表せるはずである．やってみよう．微分の連鎖律を用いて

$$v = \frac{dP}{dt} = \frac{dx^1}{dt}\frac{\partial P}{\partial x^1} + \frac{dx^2}{dt}\frac{\partial P}{\partial x^2} = v^1 e_{x^1} + v^2 e_{x^2}$$

ここで

$$v^1 := \frac{dx^1}{dt}, \qquad v^2 := \frac{dx^2}{dt}$$

とおいた．e_{x^i} の i は e の下つきインデックスだと思えば，Einstein の和の規約を用いて

$$v = v^i e_{x^i}$$

と簡単に書ける．この $(v^i)_{i=1,2}$ を曲線座標系 $x = (x^i)_{i=1,2}$ に関する v の**成分**という．

ところで，別の座標系を使ったらどうなるであろうか？　接ベクトル v という幾何学的実体は座標系の取り方とは無関係であるから，それぞれの座標系

で表した v の成分の間には，何らかの変換規則があるはずである．座標変換
$(x^i)_{i=1,2} \mapsto (\xi^a)_{a=1,2}$ を施してみると，

$$v = \frac{dP}{dt} = \frac{\partial P}{\partial x^i}\frac{dx^i}{dt} = \left(\frac{\partial P}{\partial \xi^a}\frac{\partial \xi^a}{\partial x^i}\right)\frac{dx^i}{dt}$$
$$= \frac{\partial P}{\partial \xi^a}\left(\frac{\partial \xi^a}{\partial x^i}\frac{dx^i}{dt}\right) = e_{\xi^a}\left(\frac{\partial \xi^a}{\partial x^i}v^i\right)$$

が得られる．ここに

$$e_{\xi^a} := \frac{\partial P}{\partial \xi^a}$$

は座標系 $(\xi^a)_{a=1,2}$ に関する自然基底である．v をこの基底に関して展開した
ときの係数，すなわち座標系 $(\xi^a)_{a=1,2}$ に関する v の成分を $(v^a)_{a=1,2}$ と書け
ば，上式より

$$v^a = \frac{\partial \xi^a}{\partial x^i}v^i$$

を得る．ここに係数として登場する 2×2 行列

$$\frac{\partial \xi^a}{\partial x^i}$$

は座標変換の Jacobi 行列であった．つまり，ベクトルの成分は，座標変換す
ると Jacobi 行列だけ変化するのである．

1.4　ベクトル場の微分

　Euclid 平面では，ベクトル $v \in \mathbb{R}^2$ がどこから生えていても v は v であっ
て，同じものと見なせた．これは，どこから生えていても"平行移動"すれば
互いに移り合うからである（図1.9）．別の言い方をすれば，ある点で接ベク
トル v を1つ与えれば，平面上のすべての点に同じ接ベクトル v を付随させ
た"定ベクトル場"が定まる．そして，直交座標系 $(z^\lambda)_{\lambda=1,2}$ で v を

$$v = v^\lambda e_{z^\lambda}$$

と成分表示するとき，

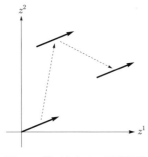

図 1.9 接ベクトルの平行移動

$$\boldsymbol{v} \text{ が定ベクトル場} \iff \text{成分 } v^\lambda \text{ がすべて定数}$$

が成り立つ．しかし，一般の曲線座標系 $(x^i)_{i=1,2}$ では，自然基底 $\{\boldsymbol{e}_{x^i}\}$ が定ベクトル場をなさないから，

$$\boldsymbol{v} = v^i \boldsymbol{e}_{x^i}$$

で定まる成分 $(v^i)_{i=1,2}$ も定数ベクトルとはならない．このことを少し詳しく調べてみよう．

成分の変換公式

$$v^\lambda = v^i \frac{\partial z^\lambda}{\partial x^i}$$

の両辺を z^μ で微分すると，

$$\begin{aligned}
\frac{\partial v^\lambda}{\partial z^\mu} &= \left(\frac{\partial v^i}{\partial x^j} \frac{\partial x^j}{\partial z^\mu} \right) \frac{\partial z^\lambda}{\partial x^i} + v^i \left(\frac{\partial^2 z^\lambda}{\partial x^j \partial x^i} \frac{\partial x^j}{\partial z^\mu} \right) \\
&= \left(\frac{\partial v^i}{\partial x^j} \frac{\partial z^\lambda}{\partial x^i} + v^i \frac{\partial^2 z^\lambda}{\partial x^j \partial x^i} \right) \frac{\partial x^j}{\partial z^\mu}
\end{aligned}$$

となる．右辺の最後に登場する

$$\frac{\partial x^j}{\partial z^\mu}$$

は座標変換に伴う Jacobi 行列の第 (j, μ) 成分である．Jacobi 行列は正則であるので，両辺にその逆行列を掛けることにより

$\boldsymbol{v}$ が定ベクトル場

$\iff$　直交座標系に関する成分 v^λ が定数　　$(\lambda = 1, 2)$

$\iff$　$\dfrac{\partial v^\lambda}{\partial z^\mu} = 0$　　$(\lambda, \mu = 1, 2)$

$\iff$　$\dfrac{\partial v^i}{\partial x^j}\dfrac{\partial z^\lambda}{\partial x^i} + v^i \dfrac{\partial^2 z^\lambda}{\partial x^j \partial x^i} = 0$　　$(\lambda, j = 1, 2)$　　(1.3)

を得る.

さて，このままでは何だかよく分からない式なので，議論を少し先取りして

$$\frac{\partial^2 z^\lambda}{\partial x^j \partial x^i} =: \Gamma_{ji}{}^k \frac{\partial z^\lambda}{\partial x^k} \tag{1.4}$$

とおいてみると,

(1.3)　$\iff$　$\left(\dfrac{\partial v^k}{\partial x^j} + v^i \Gamma_{ji}{}^k \right) \dfrac{\partial z^\lambda}{\partial x^k} = 0$　　$(\lambda, j = 1, 2)$

$\iff$　$\dfrac{\partial v^k}{\partial x^j} + v^i \Gamma_{ji}{}^k = 0$　　$(j, k = 1, 2)$　　(1.5)

という式に変形できる[3]. こう変形したところで，$\Gamma_{ji}{}^k$ が何者なのか分からない以上，結局は分からずじまいなのだが，少なくとも次のような解釈の方向性は見えてくる. 一般の曲線座標系 $(x^i)_{i=1,2}$ の自然基底 $\{\boldsymbol{e}_{x^i}\}$ により $\boldsymbol{v} = v^i \boldsymbol{e}_{x^i}$ と展開するとき,

$\boldsymbol{v}$ が定ベクトル場　$\iff$　$\dfrac{\partial v^k}{\partial x^j} + v^i \Gamma_{ji}{}^k = 0$　　$(\forall j, k)$

である. そして最後の式の第 1 項 $\dfrac{\partial v^k}{\partial x^j}$ は，成分 $(v^k)_{k=1,2}$ 自体がどのように変化するかを表す項である. 上でも述べたように，$\boldsymbol{v}$ が定ベクトル場であっても，基底 $\{\boldsymbol{e}_{x^i}\}$ 自体が変化してしまっている場合は，成分はもはや定数にはならない. 従って，基底 $\{\boldsymbol{e}_{x^i}\}$ 自体が変化している影響を定量的に表し，成分の

---

[3]念のため最初の同値変形を説明しておこう. 項 $\dfrac{\partial v^i}{\partial x^j}\dfrac{\partial z^\lambda}{\partial x^i}$ は $\displaystyle\sum_{i=1}^n \dfrac{\partial v^i}{\partial x^j}\dfrac{\partial z^\lambda}{\partial x^i}$ のことであった. 和をとるインデックス i は何でもよいので，例えば k に置き換えて $\displaystyle\sum_{k=1}^n \dfrac{\partial v^k}{\partial x^j}\dfrac{\partial z^\lambda}{\partial x^k}$ としてもよい. こうしておいて和の記号を省略すれば $\dfrac{\partial v^i}{\partial x^j}\dfrac{\partial z^\lambda}{\partial x^i} = \dfrac{\partial v^k}{\partial x^j}\dfrac{\partial z^\lambda}{\partial x^k}$ となる. 要するに Einstein の和の規約のもとでは，上と下の両方に現れるインデックスは「死んだ」インデックスであり，どんな記号（ただし同じ式ですでに使われている記号は除く）で両方を同時に置き換えても構わないのである.

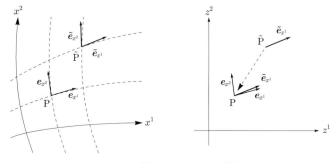

図 1.10 接ベクトルの平行移動

変化と相殺して全体でゼロとなるようにしているのが第 2 項 $v^i \Gamma_{ji}{}^k$ の役割であるはずである.

　上記解釈を正当化するため,少し視点を変えて,そもそも "基底の変化" とは何なのかを考えてみよう.我々が扱っている Euclid 平面ではベクトルを自由自在に平行移動できるから,この平行移動を用いて,ほんの少し離れた 2 点における基底を比較できるであろうし,従ってその変化率も議論できるはずである.図 1.10 の左図は,点 P の近傍の曲線座標系 $(x^i)_{i=1,2}$ を描いたものである.そして,点 P における自然基底を e_{x^i},点 P のすぐ近くにある別の点 $\tilde{P}$ における自然基底を $\tilde{e}_{x^i}$ と書いてある.$\tilde{e}_{x^i}$ は点 $\tilde{P}$ から生えているベクトルなので,そのままでは点 P から生えているベクトル e_{x^i} と比較したりすることはできない.住んでいる場所が違うからである.しかし $\tilde{e}_{x^i}$ を点 $\tilde{P}$ から点 P まで平行移動してきて,生えている場所を P に揃えれば,比較ができるようになる.それを模式的に表したのが図 1.10 の右図である.

　この着想に基づき,ベクトル場 e_{x^i} が e_{x^j} 方向にどのように変化していくかを考えてみよう.もう少し正確に述べると,点 P を座標曲線 x^j に沿ってほんの少しだけ(Δx^j だけ)動かした点を $\tilde{P}$ とするとき,点 P から生えているベクトル e_{x^i} と点 $\tilde{P}$ から生えているベクトル $\tilde{e}_{x^i}$ がどのくらい異なっているかを調べたい.そのためには,$\tilde{e}_{x^i}$ を 点 P まで平行移動してきて e_{x^i} と比較すればよいのだが,Euclid 平面では,平行移動は自由自在にできるので,実は $\tilde{e}_{x^i}$ を平行移動して点 P に持ってきたベクトルは e_{x^i} 自身に他ならない.だからその差は $\tilde{e}_{x^i} - e_{x^i}$ である.これを Δx^j で割って $\Delta x^j \to 0$ の極限をとれば,ベクトル場 e_{x^i} の e_{x^j} 方向の変化率が得られる.それを $\nabla_{e_{x^j}} e_{x^i}$ と書くことに

しよう．すなわち

$$\nabla_{e_{x^j}} e_{x^i} := \lim_{\Delta x^j \to 0} \frac{\tilde{e}_{x^i} - e_{x^i}}{\Delta x^j} \tag{1.6}$$

これをベクトル場の**共変微分**という．基底が実質的にどのように変化していく
かを表す重要な量である．

さて，共変微分 $\nabla_{e_{x^j}} e_{x^i}$ が重要な量であることは分かったが，それが具体的
にどういうものなのかは，座標系 $(x^i)_{i=1,2}$ を特定しない限り分からない．と
はいえ，これも P から生えているベクトルであることは間違いないので，P
における基底 $\{e_{x^k}\}_{k=1,2}$ の1次結合で書けるはずである．そこでインデック
ス i, j に依存する展開係数 $\Gamma_{ji}{}^k$ を用いて

$$\nabla_{e_{x^j}} e_{x^i} = \Gamma_{ji}{}^k e_{x^k} \tag{1.7}$$

と書いてみよう．展開係数 $\Gamma_{ji}{}^k$ は**接続係数**とか **Christoffel 記号**などとよばれ
る．

一般のベクトル場 v に対しても

$$\nabla_{e_{x^j}} v = \lim_{\Delta x^j \to 0} \frac{\tilde{v} - v}{\Delta x^j}$$

とすればよいが，任意の（微分可能な）関数 f に対し，積の微分法（Leibniz
則)[4]

$$\nabla_{e_{x^j}} (f v) = \left(\frac{\partial f}{\partial x^j} \right) v + f \nabla_{e_{x^j}} v \tag{1.8}$$

が成り立つことが，通常の関数の微分に関する Leibniz 則と同様に証明できる
ので，これを利用しよう．$v = v^i e_{x^i}$ と展開して，

$$\begin{aligned}
\nabla_{e_{x^j}} v &= \left(\frac{\partial v^i}{\partial x^j} \right) e_{x^i} + v^i \left(\nabla_{e_{x^j}} e_{x^i} \right) \\
&= \left(\frac{\partial v^i}{\partial x^j} \right) e_{x^i} + v^i \left(\Gamma_{ji}{}^k e_{x^k} \right) \\
&= \left(\frac{\partial v^k}{\partial x^j} + v^i \Gamma_{ji}{}^k \right) e_{x^k}
\end{aligned}$$

---

[4]$\nabla_{e_{x^j}} (f v) = (\nabla_{e_{x^j}} f) v + f (\nabla_{e_{x^j}} v)$ と書いた方が積の微分法らしいかもしれないが，関数の共
変微分は普通の偏微分に帰着されるので，上のように書いた．

だから

$$\boldsymbol{v} \text{ が定ベクトル場} \iff \nabla_{e_{x^j}} \boldsymbol{v} = 0 \qquad (\forall j)$$

$$\iff \frac{\partial v^k}{\partial x^j} + v^i \Gamma_{ji}{}^k = 0 \qquad (\forall j, k)$$

となって，先ほど導いた方程式 (1.5) が再現される.

例 1.4.1. 極座標に関する共変微分を計算してみよう. 高校以来, 慣れ親しんでいる直交座標系での成分表示を用いて P $= (r\cos\theta, r\sin\theta)$ とし, これをもとにして計算してみよう. 点 P における極座標系 $(x^1, x^2) = (r, \theta)$ の自然基底は

$$\boldsymbol{e}_r = (\cos\theta, \sin\theta), \qquad \boldsymbol{e}_\theta = (-r\sin\theta, r\cos\theta)$$

である. 初めに共変微分 $\nabla_{e_\theta} \boldsymbol{e}_r$ を計算してみよう. θ を $\Delta\theta$ だけ動かした点

$$\tilde{\mathrm{P}} = (r\cos(\theta + \Delta\theta), r\sin(\theta + \Delta\theta))$$

における r 方向の接ベクトルは

$$\tilde{\boldsymbol{e}}_r = (\cos(\theta + \Delta\theta), \sin(\theta + \Delta\theta))$$
$$= (\cos\theta - \Delta\theta\sin\theta + O(\Delta\theta^2), \sin\theta + \Delta\theta\cos\theta + O(\Delta\theta^2))$$

だから,

$$\nabla_{e_\theta} \boldsymbol{e}_r = \lim_{\Delta\theta \to 0} \frac{\tilde{\boldsymbol{e}}_r - \boldsymbol{e}_r}{\Delta\theta} = (-\sin\theta, \cos\theta) = \frac{1}{r}\boldsymbol{e}_\theta$$

$(x^1, x^2) = (r, \theta)$ であったので

$$\Gamma_{21}{}^1 = 0, \qquad \Gamma_{21}{}^2 = \frac{1}{r}$$

であることが分かる. 同様にして

$$\nabla_{e_\theta} \boldsymbol{e}_\theta = -r\boldsymbol{e}_r, \qquad \nabla_{e_r} \boldsymbol{e}_r = 0, \qquad \nabla_{e_r} \boldsymbol{e}_\theta = \frac{1}{r}\boldsymbol{e}_\theta$$

が得られ, これより

$$\Gamma_{22}{}^1 = -r, \qquad \Gamma_{22}{}^2 = 0, \qquad \Gamma_{11}{}^1 = 0,$$
$$\Gamma_{11}{}^2 = 0, \qquad \Gamma_{12}{}^1 = 0, \qquad \Gamma_{12}{}^2 = \frac{1}{r}$$

が得られる[5].

---

[5] 少々先走ったコメントだが，上の計算から $\nabla_{e_\theta} e_r = \nabla_{e_r} e_\theta$ が分かる．これは Euclid 平面の捩率がゼロであることを意味している．

第2章

曲面から多様体へ

例えば，海外など全く新しい土地にしばらく滞在することになったとき，私はまず，地図と最低限のお金だけを携えて，目的地を定めずにぶらぶらと散策することがある．その町の醸し出す雰囲気や香り，そこで暮らす人々の生活の息吹といったものを肌で感じ取るためである．こっちに違いないと思って進んだ道が実は行き止まりだったり，迷子になったかなと気弱になっていると親切な人が助けてくれたりと，町は予想外の出会いと感動に満ちあふれている．そうして自分の足で歩き回るうちに，その町の地図が頭の中に自然と形成され，その後の滞在生活において非常に役立つようになる．地図というのは，それに付随する景色や生活のリズムとリンクして初めていきいきと躍動し始めるものである．

読者も，これから多様体という新しい土地を旅することになる．いきなり論理的に厳密な旅を開始するよりも，まずは肩の力を抜いて，この町の景色や成り立ちを楽しむように読み進めてほしい．

2.1 曲　　面

平面 $\mathbb{R}^2$ の領域 D から空間 $\mathbb{R}^3$ への（1対1の）C^r 級写像

$$\varphi : D \longrightarrow \mathbb{R}^3 : (t, u) \longmapsto (\varphi^1(t, u), \varphi^2(t, u), \varphi^3(t, u)) =: (x, y, z) \qquad (2.1)$$

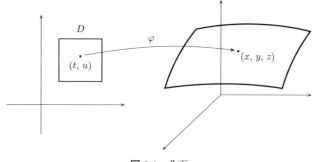

図 2.1　曲面

があったとしよう．D の各点 (t, u) が $\mathbb{R}^3$ に一斉に飛んでいく状況をイメージ
すればよい（図 2.1）．

　さて，直感的には (2.1) は滑らかな[1]曲面を定めると思われるが，これが本
当に "曲面らしい" 集合を定めるための条件として，次の 3 つのヤコビアン

$$\det\left(\frac{\partial(x, y)}{\partial(t, u)}\right), \qquad \det\left(\frac{\partial(y, z)}{\partial(t, u)}\right), \qquad \det\left(\frac{\partial(z, x)}{\partial(t, u)}\right) \tag{2.2}$$

がすべて同時にゼロとなるような点が D に存在しない，という条件がよく用
いられる．これはどういう条件なのか，具体例で調べてみよう．

　例 2.1.1. C^r 級関数 $f : D \to \mathbb{R}$ を用いて $z = f(x, y)$ と書けるような曲面
は，大学 1 年時の解析学でしばしば登場したことと思う．(2.1) の書き方に合
わせると，

$$\varphi : (t, u) \longmapsto (t, u, f(t, u)) =: (x, y, z)$$

となる．このときはすべての $(t, u) \in D$ において

$$\det\left(\frac{\partial(x, y)}{\partial(t, u)}\right) = \det\begin{bmatrix} 1 & 0 \\ 0 & 1 \end{bmatrix} = 1 \neq 0$$

となっているので，確かに上記条件は満たされている．

　逆に，(2.2) のうち例えば最初のヤコビアンが点 $(a, b) \in D$ でゼロでなかっ

---

[1]当面の問題に十分な程度に高い次数 r に関して C^r 級となっている数学的対象の属性を，簡単
のため「滑らか」と表現する．

たとする．このとき，写像 φ を xy 成分に制限した写像

$$\tilde{\varphi} : D \longrightarrow \mathbb{R}^2 : (t,u) \longmapsto (\varphi^1(t,u), \varphi^2(t,u)) = (x,y)$$

を考えると，逆写像定理により，$\tilde{\varphi}(a,b) \in \mathbb{R}^2$ のある近傍 $U \subset \mathbb{R}^2$ において，$\tilde{\varphi}$ の C^r 級逆写像 $\psi : (x,y) \mapsto (t,u)$ が存在する．そして写像 φ の z 成分を与える写像 φ^3 と ψ との合成写像を f とすると，

$$z = \varphi^3(t,u) = \varphi^3(\psi(x,y)) = f(x,y), \qquad (x,y) \in U$$

となって，本例題の前半の形に書くことができる．同様に (2.2) の 2 番目のヤコビアンがゼロでない点の近傍では $x = f(y,z)$ の形に，3 番目のヤコビアンがゼロでない点の近傍では $y = f(z,x)$ の形に書けることが分かる．

例 2.1.2. 定数 $a \geq 0$ を任意に固定し，$\mathbb{R}^2$ の領域 $D = \{(t,u)\,;\,-1 < t < 1,\ 0 < u < 1.7\,\pi\}$ 上で次の C^∞ 級写像を考えよう．

$$\varphi : (t,u) \longmapsto ((t^2+a)\cos u,\ (t^2+a)\sin u,\ t) =: (x,y,z)$$

(2.2) に挙げた 3 つのヤコビアンはそれぞれ次のようになる．

$$\det\left(\frac{\partial(x,y)}{\partial(t,u)}\right) = \det\begin{bmatrix} 2t\cos u & -(t^2+a)\sin u \\ 2t\sin u & (t^2+a)\cos u \end{bmatrix} = 2t(t^2+a)$$

$$\det\left(\frac{\partial(y,z)}{\partial(t,u)}\right) = \det\begin{bmatrix} 2t\sin u & (t^2+a)\cos u \\ 1 & 0 \end{bmatrix} = -(t^2+a)\cos u$$

$$\det\left(\frac{\partial(z,x)}{\partial(t,u)}\right) = \det\begin{bmatrix} 1 & 0 \\ 2t\cos u & -(t^2+a)\sin u \end{bmatrix} = -(t^2+a)\sin u$$

従って $a > 0$ なら，どの点 $(t,u) \in D$ においても，これらのうち少なくとも 1 つはゼロではない．しかし $a = 0$ のとき，$t = 0$ ですべてゼロになってしまう．$a = 0$ のときは何が起きているのか？　図 2.2 は左から右に進むにつれ，パラメータ a を 1 から 0 に変化させたときの φ の像を描いたものであるが，$a = 0$ のときには原点でつぶれてしまっている．こういう "曲面らしくない" 特異点を排除するための条件が，上で述べた条件である．

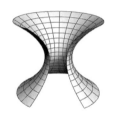

図 2.2　特異点

　こうして，(2.2) がすべて同時にはゼロとならないという条件を満たす滑らかな写像 (2.1) は，第 1 章 1.2 節に登場した曲線座標系と同様の役割を果たすので，写像 (2.1) は曲面 $M := \varphi(D)$ 上に座標系を定めるということにしよう.

　ところで，球面 $x^2 + y^2 + z^2 = 1$ は "明らかに" 滑らかな曲面である（あってほしい！）．では，(2.1) の形の写像 φ を上手に選ぶことで，ある領域 D と球面全体とを 1 対 1 に対応づけることは可能だろうか？　答えは No である．言い換えれば，球面全体を 1 つの座標系 (2.1) で覆うことはできない．ではどうしたらよいだろうか？　答えは簡単である．1 枚の座標系 φ で覆いきれないのなら，何枚かの座標系を用意し，部分的にそれらを貼り合わせながら，パッチワークのように球面全体を覆えばよい.

　図 2.3 は 1 つの球面を覆うのに，6 枚の部分曲面（座標系）を使って全体をカバーしようとしたものである[2]．球面上のいずれの点も，少なくともどれか 1 枚の座標系に属している．これは地球全体の地図を作る際，何枚かの局所的な地図（チャート）に分割して地図帳（アトラス）を作る方法そのものである．地図帳では，各ページに収まりきれなかったその先がどのページに書かれているか分かるようになっている．そして現在地と目的地が違うページに書かれてあったとしても，その地図を利用する人は，両方のページに共通する "のりしろ" 部分を頼りに，相対的な位置関係を確かめながら移動ルートを見つけることができる．同様に数学においても，各チャートに設定された局所的な座

---

[2]うまく工夫すれば，もっと少ない枚数，例えば 2 枚の座標系で球面を覆うこともできる．各自検討してみよ．因みに，図 2.3 に現れる部分曲面のうち，例えば北半球と南半球の 2 枚で十分と思った読者もいるかもしれないが，各部分曲面は境界を含まないので，この 2 枚では赤道がカバーできない.

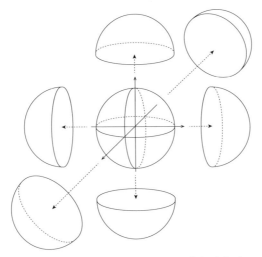

図 2.3　球面を覆う 6 つの部分曲面．各部分曲面は
開集合であって境界を含まない．

標系を用いながら，隣のチャートに移る際には，重なった部分を利用して上手
に座標変換して次のチャートに移ればよいのである．

　ところで，(2.1) では曲面 M の座標系を定める写像 φ を Euclid 平面の領域
D から $\mathbb{R}^3$ への写像として与えたが，今や M をいくつかの部分に分割し，そ
れぞれを Euclid 平面の領域と対応づけようとしているので，主体を M に移
した方が考えやすい．そこで今後は局所的に座標系を定める写像を，Euclid
平面の領域 D から M の一部分 U へという方向の写像

$$\varphi : D \longrightarrow U$$

ではなく，その逆写像，すなわち M の一部分 U から Euclid 平面の領域 D へ
という方向の写像

$$\psi : U \longrightarrow D$$

で考えることにする[3]．

---

[3]$\psi = \varphi^{-1}$ なのだから，実質的に何も変更しているわけではない．記号を φ から ψ に変えたこ
とにも特に意味はない．

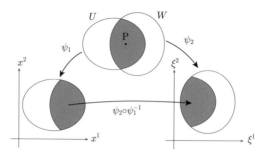

図 2.4   座標変換

さて，曲面 M 上の点 P の周りに，2 つの局所的な座標系

$$\psi_1 : U \longrightarrow \mathbb{R}^2$$

$$\psi_2 : W \longrightarrow \mathbb{R}^2$$

があったとしよう（図 2.4）．ψ_1 が定める座標系を (x^1, x^2)，ψ_2 が定める座標系を (ξ^1, ξ^2) と書くことにすると，点 P は U と W の共通部分 $U \cap W$ に属しているので，点 P の周りのできごとは座標系 (x^1, x^2) を使って記述してもよいし，座標系 (ξ^1, ξ^2) を使って記述してもよい．ところで，この共通部分 $U \cap W$ を介して作った写像

$$\psi_2 \circ \psi_1^{-1} : \psi_1(U \cap W) \longrightarrow \psi_2(U \cap W) : (x^1, x^2) \longmapsto (\xi^1, \xi^2)$$

は，座標系 (x^1, x^2) と座標系 (ξ^1, ξ^2) の相互関係を表すものである．そこでこの写像を**座標変換**とよぼう．点 P の周りで起きている幾何学的現象は 2 つの座標系のいずれを用いて記述してもよいが，それらはこの座標変換で関連づけられているはずである．

この観点を，接ベクトルの座標変換則を導くのに使ってみよう．曲面 M が住んでいる 3 次元 Euclid 空間 $\mathbb{R}^3$ の直交座標系を (z^1, z^2, z^3) で表すことにしよう．そして座標系 ψ_1 が定める $U \ (\subset M)$ の方程式を

$$(z^1, z^2, z^3) = \psi_1^{-1}(x^1, x^2)$$

座標系 ψ_2 が定める $W \ (\subset M)$ の方程式を

$$(z^1, z^2, z^3) = \psi_2^{-1}(\xi^1, \xi^2)$$

とする．さて，点 P における M の接平面を T_{P} と書くと，これは $\mathbb{R}^3$ の部分集合であって，点 P を原点とする線形空間と見なせる．そして，点 P における座標曲線 x^i 方向の接ベクトル

$$\boldsymbol{e}_{x^i} := \frac{\partial \mathrm{P}}{\partial x^i} = \left(\frac{\partial z^1}{\partial x^i}, \frac{\partial z^2}{\partial x^i}, \frac{\partial z^3}{\partial x^i} \right) \qquad (i = 1, 2)$$

は T_{P} に属するベクトルである．こうして作られる接ベクトルの組 $\{\boldsymbol{e}_{x^1}, \boldsymbol{e}_{x^2}\}$ を，座標系 (x^1, x^2) に付随した T_{P} の**自然基底**という．同様に，座標曲線 ξ^a 方向の接ベクトルからなる T_{P} の自然基底は

$$\boldsymbol{e}_{\xi^a} := \frac{\partial \mathrm{P}}{\partial \xi^a} = \left(\frac{\partial z^1}{\partial \xi^a}, \frac{\partial z^2}{\partial \xi^a}, \frac{\partial z^3}{\partial \xi^a} \right) \qquad (a = 1, 2)$$

となる．さて，$\{\boldsymbol{e}_{x^1}, \boldsymbol{e}_{x^2}\}$ も $\{\boldsymbol{e}_{\xi^1}, \boldsymbol{e}_{\xi^2}\}$ も共に線形空間 T_{P} の基底であるから，例えば $\boldsymbol{e}_{x^i}$ を $\{\boldsymbol{e}_{\xi^1}, \boldsymbol{e}_{\xi^2}\}$ の 1 次結合で表すことができるはずである．実際，偏微分の連鎖律

$$\frac{\partial \mathrm{P}}{\partial x^i} = \frac{\partial \xi^a}{\partial x^i} \frac{\partial \mathrm{P}}{\partial \xi^a} \tag{2.3}$$

を利用すれば，直ちに

$$\boldsymbol{e}_{x^i} = \frac{\partial \xi^a}{\partial x^i} \boldsymbol{e}_{\xi^a}$$

を得る．これが各座標系に付随した自然基底の間の接ベクトルの座標変換則である．

さて，この導出から明らかなように，接ベクトルの座標変換の公式は，合成関数の偏微分法の公式

$$\frac{\partial}{\partial x^i} = \frac{\partial \xi^a}{\partial x^i} \frac{\partial}{\partial \xi^a} \tag{2.4}$$

と全く同じである．そして (2.3) と (2.4) とを見比べているうちに，目障りな P という記号を式の上から抹消し，接ベクトルを "方向微分作用素" で代用してもよいではないかという過激な思想が芽生える．実はこの着想は，「曲面 M はあくまで $\mathbb{R}^3$ の部分集合である」という視点からの脱却とも深く関係している．

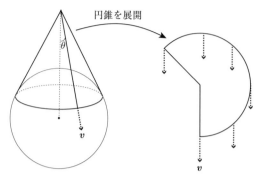

図 2.5　球面上でのベクトルの平行移動の計算．北緯一定の曲線で球面に接する円錐を展開する．

　この最後の指摘は重要なので，もう少し説明を加えておこう．我々は 3 次元空間に住んでいるから，$\mathbb{R}^3$ に "埋め込まれた" 2 次元曲面 M というものを捉えることができる．しかし，もし M に束縛された哀れな 2 次元生命体がいたとしたら，自分の住んでいる世界 M が，実は外にある大きな世界 $\mathbb{R}^3$ の一部であるなどという事実を知覚することは決してない（想像するのは構わないが）．それなら，その世界に住んでいる住人にとって理解できる幾何を展開しようではないか，というのが近代的な幾何学の 1 つの立場である．例えば空間 M が "曲がって" いたとして，この事実は M に住む生命体には決して認識できないかというと，実はそんなことはなく，ある種の曲がり方はその世界の住人にも（つまり外の世界に飛び出して外から眺めることなしに）捉えられるのである．実際，地球が曲がっていることは宇宙に飛び出さなくても分かる．北緯 θ (radian) の地点から南向きのベクトル v を持って世界一周の旅に出かけよう．北緯一定の曲線に沿ってベクトルを平行移動させながら東向きに世界一周したとすると，ベクトル v は西向きに $2\pi \sin\theta$ (radian) だけ回転してしまう[4]（図 2.5）．これは，地球が平らでない（曲がっている）という事実の反映である．

　こうして我々は，外の世界の存在を前提にせず，その空間自体を直接研究するという観点，すなわちその世界に住んでいる生命体が理解できる幾何を研究

---

[4]例えばロンドンは北緯 51 度 30 分に位置しているので，ここを起点として世界一周すると 282 度も回転してしまう．

するという立場に導かれるのである．このような幾何を**内的な** (intrinsic) **幾何**という．

2.2　多 様 体

前節で扱った曲面は2次元多様体とよばれるものになっている．前節の議論を念頭に置き，以下では一般の n 次元多様体の概念を導入し，その基本性質を論じていこう．まずは単刀直入に，数学的定義を述べてみる．

定義

集合 M が以下の条件を満たすとき，M を **n 次元 C^r 級（可微分）多様体**という．

i) M は（可算基を持つ）Hausdorff 空間．

ii) 適当な集合 $\mathcal{A}$ を添え字集合とする M の開集合の族 $\{U_\alpha\}_{\alpha \in \mathcal{A}}$ と写像 $\psi_\alpha : U_\alpha \to \mathbb{R}^n$ の族 $\{\psi_\alpha\}_{\alpha \in \mathcal{A}}$ があって，以下の3条件を満たす．

　1) $M = \bigcup_{\alpha \in \mathcal{A}} U_\alpha$

　2) 各 $\alpha \in A$ に対し，像 $\psi_\alpha(U_\alpha)$ は $\mathbb{R}^n$ の開集合で，$\psi_\alpha : U_\alpha \to \psi_\alpha(U_\alpha)$ は同相写像．

　　（すなわち，$\psi_\alpha : U_\alpha \to \psi_\alpha(U_\alpha)$ は全単射で，ψ_α も ψ_α^{-1} も連続写像．）

　3) $U_a \cap U_\beta \neq \emptyset$ ならば，写像 $\psi_\beta \circ \psi_\alpha^{-1} : \psi_\alpha(U_\alpha \cap U_\beta) \to \psi_\beta(U_\alpha \cap U_\beta)$ は C^r 級．

定義を読んでめまいを感じた読者のために，前節とのつながりを意識しながら，上記定義の背後にある思想を説明しておこう．

まず条件 i) は，病的な対象を排除するための要請（厄よけのオマジナイのようなもの）であるが，ここでは説明を割愛する[5]．

---

[5] せめて定義だけでも述べておこう．$\mathcal{A}$ を位相空間とする．X の任意の異なる2点 x, y に対し，ある開集合 U, V が存在して，$x \in U$ かつ $y \in V$ かつ $U \cap V = \emptyset$ となるとき，X を **Hausdorff 空間**という．次に，X の開集合族 $\mathcal{B} = \{B_\alpha\}_{\alpha \in \mathcal{A}}$ が X の開集合の**基**であるとは，X の任意の開集合 U と，U の中の任意の点 x に対し，ある $B_\alpha \in \mathcal{B}$ が存在して，$x \in B_\alpha \subset U$ と（→ 次頁）

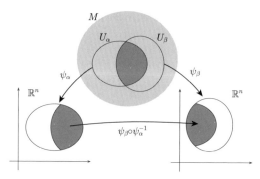

図 2.6　多様体 M

　多様体に特徴的なのは条件 ii) である．ここに登場するペア (U_α, ψ_a) を**座標近傍**または**チャート** (chart) といい，その全体 $\{(U_\alpha, \psi_\alpha)\}_{\alpha \in \mathcal{A}}$ のことを**アトラス** (atlas) とよぶ．また，各写像 ψ_α を**局所座標系**といい，条件 ii-3) に登場する写像 $\psi_\beta \circ \psi_\alpha^{-1}$ を**座標変換**という．図 2.6 を参照しながら状況を把握してみよう．

　条件 ii-1) は，アトラス $\{(U_\alpha, \psi_\alpha)\}_{\alpha \in \mathcal{A}}$ が多様体 M 全体をカバーしつつ，各パーツ (U_α, ψ_α) ごとに U_α が $\psi_\alpha(U_\alpha)$ に対応づけられていることを意味している．この様子は NASA のミッションコントロールセンター（管制室）を連想させる．宇宙の彼方の天体 M の映像を地球に送りたいのだが，1 台のカメラでは M 全体を捉えきれない．そこで，全体をいっぺんに捉えるのは諦め，何台かのカメラを用意して，部分的に撮影された各映像 U_α を通信回線 ψ_α を介して地球に送るのである．すると，各回線を経由して送られてきた映像は，コントロールセンターに設置された複数のモニターにバラバラに映し出される．それぞれのモニターが空間 $\mathbb{R}^n$ に対応し，モニターに映し出された映像が $\psi_\alpha(U_\alpha)$ である．

　さて，こうして地球に送られてきた画像 $\psi_\alpha(U_\alpha)$ は，一般にはもとの天体 M の一部分 U_α そのものではなく，ゆがんだりひずんだりしているであろう．しかし，ともかく 1 対 1 かつ連続に対応していれば，情報 $\psi_\alpha(U_\alpha)$ から情報

なることである．そして，可算個の開集合よりなる X の開集合の基が存在するとき，X は**可算基**を持つという．なぜこれで厄よけになっているのかなど，詳しいことは多様体の教科書，例えば松本 [5]，村上 [6]，松島 [7] などを参照のこと．

U_α が復元できるであろう．それを要請しているのが条件 ii-2) である．いわ
ば，写像 ψ_α とその逆写像 ψ_α^{-1} を介して，M と $\mathbb{R}^n$ の間を部分的に自由に行
き来できるようにしているのである．

　ところで，各モニターの映像は M 全体を捉えているわけではないので，モ
ニターの端に行くと映像が途切れている．もっと先が見たければ，その先を映
し出している別のモニターを参照しなくてはならない．この状況は，地図帳を
眺めているときとそっくりである．目的地を探しているうちに，惜しいところ
で別のページに移らなければならないことがある．こんなとき，現在参照して
いるページと次のページとの間に重なった部分が全くなかったら，どこをど
うつなげたらよいか分からなくて使いものにならないであろう．だから地図帳
では，隣り合う地図に必ずオーバーラップした部分を用意する．そして，この
オーバーラップした部分を利用して，あるページから別のページへの移行をス
ムーズに行うようにしているのである．

　条件 ii-1) に登場するアトラスにおいても，あるチャートの境界付近は，別
のチャートの境界付近とオーバーラップしているだろう．具体的に，例えば
$U_\alpha \cap U_\beta \neq \emptyset$ だったとしよう．すると，共通部分 $U_\alpha \cap U_\beta$ 上では 2 つの写像
ψ_α, ψ_β が定義されているから，$\mathbb{R}^n$（モニター）に飛ばされた各々の像（モニ
ター画像の一部）$\psi_\alpha(U_\alpha \cap U_\beta)$ と $\psi_\beta(U_\alpha \cap U_\beta)$ は，写像

$$\psi_\beta \circ \psi_\alpha^{-1} : \psi_\alpha(U_\alpha \cap U_\beta) \to \psi_\beta(U_\alpha \cap U_\beta)$$

を介して互いに 1 対 1 かつ連続に対応している．しかも，$\psi_\alpha(U_\alpha \cap U_\beta)$ も
$\psi_\beta(U_\alpha \cap U_\beta)$ も $\mathbb{R}^n$ の部分集合であるから，上記写像 $\psi_\beta \circ \psi_\alpha^{-1}$ に通常の微分
積分学の手法を適応できる．そこで，この写像が滑らかな写像であることを要
請するのが条件 ii-3) である．異なる 2 つのモニター画像（もしくは地図帳の
隣り合うページ）における共通部分（オーバーラップ）が互いに滑らかな変形
で移り合うことを要請しているのである．

　ところで，局所座標系 ψ_α は第 1 章に登場した曲線座標系 φ に対応するも
のである．習慣上 φ^{-1} に相当する写像をここでは ψ と記しているが，本質的
には同じものである．そこで，各点 $p \in U_\alpha$ の像 $\psi_\alpha(p) \in \mathbb{R}^n$ を $(x^1, \ldots, x^n)$
と書くと，第 1 章で座標曲線を導入したときのように，いかにも U_a 上に座標
系を導入した感覚になれるので，今後はしばしば $(x^1, \ldots, x^n)$ 自身を局所座標

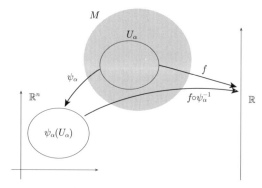

図 2.7　多様体 M 上の C^r 級関数 f の定義

系とよび，座標近傍を $(U_\alpha ; x^1, \ldots, x^n)$ と書くことにする．

　さて，こうして導入された局所座標系は，多様体上での微分積分を展開するうえで絶大なる威力を発揮する．一例を見よう．

定義

　多様体 M 上で定義された関数 $f : M \to \mathbb{R}$ が **C^r 級**であるとは，M の任意の座標近傍 (U_α, ψ_α) に対し，$f \circ \psi_\alpha^{-1} : \psi_\alpha(U_\alpha) \to \mathbb{R}$ が C^r 級であることとする（図 2.7）．M 上の C^r 級関数全体を $C^r(M)$ と書く．

　定義に登場する関数 $f \circ \psi_a^{-1} : \psi_\alpha(U_\alpha) \to \mathbb{R}$ を，座標近傍 (U_α, ψ_α) に関する f の**局所座標表示**という．

　さて，座標近傍として $(U_\alpha ; x^1, \ldots, x^n)$ という表示を用いた場合，関数 $f \circ \psi_\alpha^{-1}$ は $(x^1, \ldots, x^n)$ の関数となる．そこで，M の一部分である U_α 上に局所座標系 $(x^1, \ldots, x^n)$ が "描かれている" と考え，（記号の濫用ではあるが）以下ではこれを $f(x^1, \ldots, x^n)$ と書いてしまうことにする．こうすることにより，多様体上の微分積分が，通常の微分積分に近い感覚で行えるようになる．

　n 次元多様体 M から k 次元多様体 N への写像 $f : M \to N$ が C^r 級であることやその局所座標表示も，各多様体に付随した座標近傍を介して考えればよい．つまり，M, N のアトラスをそれぞれ $\{(U_\alpha, \psi_\alpha)\}_\alpha, \{(W_\beta, \phi_\beta)\}_\beta$ とするとき，f が C^r 級であるとは，$f(U_\alpha) \cap W_\beta \neq \emptyset$ なるすべての α, β に対し，局所座標表示された写像 $(\phi_\beta \circ f \circ \psi_\alpha^{-1}) : \psi_\alpha(U_\alpha) \to \phi_\beta(W_\beta)$ が C^r 級で

あることと定義する[6]. なお，局所座標表示された写像を書き下す際，いちいち

$$(y^1, \ldots, y^k) = (\phi_\beta \circ f \circ \psi_\alpha^{-1})(x^1, \ldots, x^n)$$

のように几帳面に書くのではなく，上と同様の記号の濫用として

$$(y^1, \ldots, y^k) = f(x^1, \ldots, x^n)$$

と書いたり

$$\begin{cases} y^1 = f^1(x^1, \ldots, x^n) \\ \qquad \vdots \\ y^k = f^k(x^1, \ldots, x^n) \end{cases}$$

と書いたりする.

　簡単のため，以下では $r = \infty$ の場合のみ扱う.

2.3 接ベクトル空間

　多様体上で接ベクトルを考えるのは，実はそれほど簡単なことではない．2.1 節では $\mathbb{R}^3$ に埋め込まれた曲面 M というものを考えていたので，曲面 M 上の曲線の接ベクトルを，その曲線に沿って動く動点 P の $\mathbb{R}^3$ における速度ベクトルとして表現することができた．しかし我々は，今や内的な幾何を展開しようとしているのだから，多様体 M が埋め込まれた外側の世界を考えなければ記述できないような量を M の接ベクトルに採用するわけにはいかない．どうしたらよいだろうか？

　この問題に答えるために，幾何学的イメージをいったん捨て，接ベクトルが満たすべき一連の代数的性質を要請することで抽象的に定義するという道を採用する.

---

[6] $f(U_\alpha) \subset W_\beta$ とは限らないので，写像 $\phi_\beta \circ f \circ \psi_\alpha^{-1}$ の定義域は，正確には $\psi_a(U_\alpha \cap f^{-1}(W_\beta))$ とすべきである.

> **定義**
>
> 　多様体 M 上の点 $p \in M$ における**接ベクトル v** とは，各 $f \in C^\infty(M)$ に対し実数 $v(f)$ を対応させる写像であって，次の性質を満たすものとする.
>
> 　i)【線形性】
>
> $$v(af + bg) = av(f) + bv(g) \qquad (\forall a, b \in \mathbb{R},\ \forall f, g \in C^\infty(M))$$
>
> 　ii)【Leibniz 則】
>
> $$v(fg) = v(f)g(p) + f(p)v(g) \qquad (\forall f, g \in C^\infty(M))$$

　余計なお世話かもしれないが，万が一にも誤解のないよう説明しておくと，$v(f)g(p)$ は実数 $v(f)$ と関数値 $g(p)$（p における g の値）の積である. 1 変数関数 $f(x)$ と $g(x)$ の積 $f(x)g(x)$ の微分の公式 $\{f(x)g(x)\}' = f'(x)g(x) + f(x)g'(x)$ の $x = p$ での値を考えることに相当するので Leibniz 則とよんでいるのである.

　さて，この定義の背景には，接ベクトルとは曲線に沿った方向微分のことである，という着想がある. 点 $p \in M$ を通る M 上の滑らかな曲線 $C = \{p(t)\,;\ p(0) = p\}$ を考えよう. さらに M 上の滑らかな関数 f が任意に指定されたとすると，曲線 C と関数 f を合成することにより，C 上の 1 変数関数 $t \mapsto f(p(t))$ が定まり，従ってこの関数の $t = 0$ での変化率

$$v(f) := \left. \frac{d}{dt} f(p(t)) \right|_{t=0} \tag{2.5}$$

も定まる. そこで，関数 f が与えられるごとに，上記実数値を対応づける微分作用素 v を点 p における C の接ベクトルと考えることにするのである. この量が，多様体 M 上の曲線 C と関数 f という，M に住む住人に理解できる言葉だけで書かれていることは，いくら強調してもしすぎることはない. M を包む外側の世界を考えないと一般には理解できない "点 $p(t)$ の運動に伴う速度ベクトル" という素朴な発想とは一線を画しているのである. なお，この違いを理解したうえで，あえて (2.5) で定まる微分作用素 v のことを**曲線 C の $t = 0$ における速度ベクトル**とよび，象徴的に

$$\left.\frac{dp}{dt}\right|_{t=0} \qquad \text{もしくは} \qquad \dot{p}(0)$$

などの記法で表すこともある．混乱しないよう注意が必要である．

定義

$p \in M$ における接ベクトル全体の集合を T_pM と書くことにする．$\boldsymbol{u}$, $\boldsymbol{v} \in T_pM$ と $a, b \in \mathbb{R}$ に対し，$a\boldsymbol{u} + b\boldsymbol{v}$ を

$$(a\boldsymbol{u} + b\boldsymbol{v})(f) := a\,\boldsymbol{u}(f) + b\,\boldsymbol{v}(f) \qquad (\forall f \in C^\infty(M))$$

で定義すれば，これも $p \in M$ における接ベクトルであるから，T_pM は $\mathbb{R}$ 上の線形空間となる．これを $p \in M$ における M の**接ベクトル空間**または**接空間**という．

線形空間があれば基底を考えたくなる．T_pM の基底を具体的に構成してみよう．多様体 M は n 次元とし，p の周りで局所座標系 $(x^1, \ldots, x^n)$ を1つ固定すると，各 $i = 1, \ldots, n$ に対し，写像

$$\left(\frac{\partial}{\partial x^i}\right)_p : f \longmapsto \frac{\partial f}{\partial x^i}(p)$$

が定まる．これは接ベクトルの性質 i), ii) を満たすので，T_pM の元である．実は次が成り立つ．

定理 2.3.1. n 個の接ベクトルの組 $\left\{\left(\dfrac{\partial}{\partial x^i}\right)_p\right\}_{i=1}^n$ は T_pM の1つの基底である．よって特に $\dim T_pM = n$ である．

証明 まず，$\left\{\left(\dfrac{\partial}{\partial x^i}\right)_p\right\}_{i=1}^n$ が1次独立であることを示す．すなわち

$$a^i \left(\frac{\partial}{\partial x^i}\right)_p = 0$$

を仮定して，すべての a^i がゼロであることを示せばよい．上記関係は，任意の関数 $f \in C^\infty(M)$ に対して

$$a^i \frac{\partial f}{\partial x^i}(p) = 0$$

であることを主張しているので，特に f として第 j 座標関数 x^j をとれば[7]，

$$0 = a^i \frac{\partial x^j}{\partial x^i}(p) = a^i \delta_i^j = a^j$$

となる．j は任意だから 1 次独立性が証明された．

　次に，任意の接ベクトル $v \in T_p M$ が $\left\{ \left(\dfrac{\partial}{\partial x^i} \right)_p \right\}_{i=1}^n$ の 1 次結合で書けることを示したいのだが，その準備として，定数関数 c に対しては $v(c) = 0$ であることを確認しておこう．これを示すには，接ベクトルの線形性（性質 i)）から，恒等的に 1 という値をとる定数関数に対して $v(1) = 0$ を示せば十分である．そしてこれは Leibniz 則（性質 ii)）から導かれる関係式

$$v(1) = v(1 \cdot 1) = v(1) \cdot 1 + 1 \cdot v(1) = 2v(1)$$

から直ちに結論される．

　準備が済んだので，いよいよ v を $\left\{ \left(\dfrac{\partial}{\partial x^i} \right)_p \right\}_{i=1}^n$ の 1 次結合で書こう．答えを先に言ってしまうと，

$$v = v(x^i) \left(\frac{\partial}{\partial x^i} \right)_p \tag{2.6}$$

となる．これを示そう．関数 $f \in C^\infty(M)$ を任意に固定する．点 p の局所座標を $x_0 = (x_0^1, \ldots, x_0^n)$ とすれば，Taylor の定理より，p の近傍で

$$f(x) = f(x_0) + \frac{\partial f}{\partial x^i}(x_0)\,(x^i - x_0^i) + G_{ij}(x)\,(x^i - x_0^i)\,(x^j - x_0^j)$$

と書ける．ここに $G_{ij}(x)$ は p の近傍で定義された滑らかな関数である[8]．こ

---

[7]座標関数 x^j は，ある座標近傍 U_α の上でしか定義されていないので，$C^\infty(M)$ の元ではないではないか，と気になる読者もいることと思う．全く正しい指摘である．そんなときは，着目する点 p の近くでは x^j と一致し，U_α の境界に近づくにつれて関数値がゼロに近づき，U_α の外側では恒等的にゼロとなるような C^∞ 級関数を用いればよい．そんな関数があるのかと心配になるかもしれないが，それは「つりがね関数」もしくは「1 の分割」を用いた標準的なテクニックがあるので大丈夫である．詳しくは松本 [5] などを参照のこと．以下でも，必要ならばこのような修正を行うことを読者との暗黙の約束とすることにし，上記のような省略した説明で通していくことにする．

[8]積分型の剰余項を用いる．例えば，村上 [6] を参照．

れに $\boldsymbol{v}$ を作用させれば，線形性より

$$\boldsymbol{v}(f) = \boldsymbol{v}(f(x_0)) + \frac{\partial f}{\partial x^i}(x_0)\,\boldsymbol{v}(x^i - x_0^i) + \boldsymbol{v}\left(G_{ij}(x)\,(x^i - x_0^i)\,(x^j - x_0^j)\right)$$

となるが，右辺第 1 項は定数関数に $\boldsymbol{v}$ を作用させているのでゼロ，さらに第 3 項も Leibniz 則を用いて計算すると，

$$\begin{aligned}
\bigl[\boldsymbol{v}(G_{ij})\,(x^i - x_0^i)\,(x^j - x_0^j) &+ G_{ij}(x)\boldsymbol{v}(x^i - x_0^i)\,(x^j - x_0^j) \\
&+ G_{ij}(x)(x^i - x_0^i)\,\boldsymbol{v}(x^j - x_0^j)\bigr]_{x=x_0} = 0
\end{aligned}$$

となる．結局，第 2 項だけが生き残って，さらに線形性と $\boldsymbol{v}(x_0^i) = 0$ を用いれば

$$\boldsymbol{v}(f) = \frac{\partial f}{\partial x^i}(x_0)\,\boldsymbol{v}(x^i) = \left(\boldsymbol{v}(x^i)\left(\frac{\partial}{\partial x^i}\right)_p\right)(f)$$

これがすべての $f \in C^\infty(M)$ で成り立つので (2.6) が証明された． $\qquad\square$

さて，第 0 章において，線形空間の双対空間という考え方を学んだ．我々は今，多様体 M の点 p における接ベクトル空間 T_pM という有限次元線形空間を導入したので，この双対空間を考えてみよう．

定義

T_pM の双対空間 $(T_pM)^*$ を点 $p \in M$ における**余接ベクトル空間**または**余接空間**といい，T_p^*M と書く．また T_p^*M の元を**余接ベクトル**という．

M の局所座標系 $(x^1, \ldots, x^n)$ を 1 つ固定すると，$\left\{\left(\dfrac{\partial}{\partial x^i}\right)_p\right\}_{i=1}^n$ は T_pM の 1 つの基底となるのであった．では，その双対基底は何か？ それに答えるために，次の概念を導入しよう．

定義

$f \in C^\infty(M)$ が任意に与えられたとき，

$$(df)_p(\boldsymbol{v}) := \boldsymbol{v}(f) \qquad (\boldsymbol{v} \in T_p(M)) \tag{2.7}$$

で定まる線形汎関数 $(df)_p : T_pM \to \mathbb{R}$ を，p における f の**微分**という．

ここで，微分は局所的な概念だから，関数 f も M 全体で定義されている必要はなく，着目する点 p の近傍で定義されていれば十分であることを注意しておく（定理 2.3.1 の証明中の脚注 7 も参照）．この注意のもと，C^∞ 級関数として特に局所座標系 $(x^1,\dots,x^n)$ の座標関数 x^i をとった場合の微分を $(dx^i)_p$ と書くと，次が成り立つ．

定理 2.3.2. n 個の微分の組 $\left\{(dx^i)_p\right\}_{i=1}^n$ は $\left\{\left(\dfrac{\partial}{\partial x^i}\right)_p\right\}_{i=1}^n$ の双対基底である．

証明　直接計算により

$$(dx^i)_p\left(\left(\frac{\partial}{\partial x^j}\right)_p\right) = \left(\frac{\partial}{\partial x^j}\right)_p(x^i) = \frac{\partial x^i}{\partial x^j}(p) = \delta^i_j$$

である．ここに，最初の等号では微分 $(dx^i)_p$ の定義を，2 番目の等式では接ベクトル $\left(\dfrac{\partial}{\partial x^j}\right)_p$ の定義を用いた．　　　　　　□

さて，多様体 M の局所座標系 $(x^1,\dots,x^n)$ を用いたとき，M 上の関数 $y = f(x^1,\dots,x^n)$ の点 $p \in M$ における微分 $(df)_p$ が

$$(df)_p\left(\left(\frac{\partial}{\partial x^j}\right)_p\right) = \frac{\partial f}{\partial x^j}(p)$$

を満たすということは，$(df)_p$ とは線形写像

$$(df)_p : T_pM \longrightarrow \mathbb{R}$$

であって，その行列表示が関数 f の Jacobi 行列

$$\left[\frac{\partial f}{\partial x^1} \quad \cdots \quad \frac{\partial f}{\partial x^n}\right]$$

の点 p での値で与えられるものであることを意味する．これを一般化して，多様体間の写像 $f : M \to N$ を M の局所座標系 $(x^1,\dots,x^n)$ と N の局所座標系 $(y^1,\dots,y^k)$ を用いて

$$\begin{cases} y^1 = f^1(x^1, \ldots, x^n) \\ \quad \vdots \\ y^k = f^k(x^1, \ldots, x^n) \end{cases}$$

と表すとき，写像 f の点 $p \in M$ における微分を，線形写像

$$(df)_p : T_pM \longrightarrow T_{f(p)}N \tag{2.8}$$

であって，その行列表示が写像 f の Jacobi 行列

$$\begin{bmatrix} \dfrac{\partial f^1}{\partial x^1} & \cdots & \dfrac{\partial f^1}{\partial x^n} \\ \vdots & & \vdots \\ \dfrac{\partial f^k}{\partial x^1} & \cdots & \dfrac{\partial f^k}{\partial x^n} \end{bmatrix}$$

の点 p での値で与えられるものとして定義する．なお，写像 f の微分を $(df)_p$ の代わりに

$$(f_*)_p$$

と書くことも多い．

2.4 ベクトル場

前節では，多様体 M 上の 1 点 p を固定し，その点での接ベクトルというものを考えたが，点 p は M 上のどこにとってもよいので，M のすべての点に同時に接ベクトルを割り当てた状況を考えてみよう．

定義

多様体 M の各点 p に対し，p における接ベクトル $X_p \in T_pM$ を 1 つ付随させる対応 $X = \{X_p\}_{p \in M}$ のことを，M 上の**ベクトル場**という．

---

2 つのベクトル場 X, Y が与えられたとき，それらの和を

$$X + Y := \{X_p + Y_p\}_{p \in M}$$

で定義する．また，$f \in C^{\infty}(M)$ とベクトル場 X に対し，X の f 倍を

$$fX := \{f(p)X_p\}_{p \in M}$$

で定義する．ついでながら，Xf は**関数 f にベクトル場 X を作用させて得られる関数**とよばれる M 上の関数であって，

$$(Xf)(p) := X_p(f)$$

で定義され，ベクトル場 fX とは全くの別物である！

　さて，$(U ; x^1, \ldots, x^n)$ を M の座標近傍とする．U の各点 p に第 i 方向の標準的接ベクトル $\left(\dfrac{\partial}{\partial x^i}\right)_p$ を対応させると，U 上のベクトル場 $\left\{\left(\dfrac{\partial}{\partial x^i}\right)_p\right\}_{p \in U}$ が得られる．このベクトル場を $\dfrac{\partial}{\partial x^i}$ で表す．こうして，座標近傍 $(U ; x^1, \ldots, x^n)$ 上に n 個の標準的なベクトル場

$$\frac{\partial}{\partial x^1}, \frac{\partial}{\partial x^2}, \cdots, \frac{\partial}{\partial x^n}$$

が定まった．これらを用いると，M 上のベクトル場 X を U 上で

$$X = v^i \frac{\partial}{\partial x^i}$$

と局所座標表示することができる．つまり，各点 $p \in U$ で

$$X_p = v^i(p) \left(\frac{\partial}{\partial x^i}\right)_p \tag{2.9}$$

ということである．係数として現れる関数 $v^i = v^i(p)$ を，局所座標系 $(x^1, \ldots, x^n)$ に関する X の**第 i 成分**という．そして，M のいずれの座標近傍 $(U ; x^1, \ldots, x^n)$ においても，ベクトル場 X を局所座標表示したときの成分がすべて C^{∞} 級関数となっているとき，X は **C^{∞} 級ベクトル場**という．M 上の C^{∞} 級ベクトル場全体の集合を $\mathcal{X}(M)$ と書く．

　ここで，2 つのベクトル場から新しいベクトル場を作る括弧積について説明しておこう．$X, Y \in \mathcal{X}(M)$ が与えられたとき，$f \in C^{\infty}(M)$ に対して

$$[X, Y]f := X(Yf) - Y(Xf)$$

と作用する微分作用素 $[X, Y]$ を**括弧積**という．一見してこれは 2 階の微分作

用素からなるので，ベクトル場にはならないと思うかもしれないが，実はベクトル場になるのである．局所座標系を用いてこれを確認してみよう[9]．

$$X = v^i \frac{\partial}{\partial x^i}, \qquad Y = w^j \frac{\partial}{\partial x^j}$$

と局所座標表示して計算すると

$$X(Yf) = \left(v^i \frac{\partial}{\partial x^i}\right)\left(w^j \frac{\partial f}{\partial x^j}\right) = v^i \left(\frac{\partial w^j}{\partial x^i}\frac{\partial f}{\partial x^j} + w^j \frac{\partial^2 f}{\partial x^i \partial x^j}\right)$$

$$Y(Xf) = \left(w^j \frac{\partial}{\partial x^j}\right)\left(v^i \frac{\partial f}{\partial x^i}\right) = w^j \left(\frac{\partial v^i}{\partial x^j}\frac{\partial f}{\partial x^i} + v^i \frac{\partial^2 f}{\partial x^j \partial x^i}\right)$$

となり，確かに2階微分が現れる．ところが f は C^∞ 級なので

$$\frac{\partial^2 f}{\partial x^i \partial x^j} = \frac{\partial^2 f}{\partial x^j \partial x^i}$$

であり，従って2式の差をとると，2階微分の項がキャンセルされて

$$X(Yf) - Y(Xf) = v^i \frac{\partial w^j}{\partial x^i}\frac{\partial f}{\partial x^j} - w^j \frac{\partial v^i}{\partial x^j}\frac{\partial f}{\partial x^i}$$
$$= \left(v^i \frac{\partial w^k}{\partial x^i} - w^j \frac{\partial v^k}{\partial x^j}\right)\frac{\partial f}{\partial x^k}$$

という具合に1階の微分作用素に帰着されるのである．こうして，局所座標表示を用いて

$$\left[v^i \frac{\partial}{\partial x^i},\, w^j \frac{\partial}{\partial x^j}\right] = \left(v^i \frac{\partial w^k}{\partial x^i} - w^j \frac{\partial v^k}{\partial x^j}\right)\frac{\partial}{\partial x^k}$$

と定義してもよいことが分かった[10]．

　さて，ベクトル場とは M の各点に接ベクトルを1つずつ張りつけたものであったから，滑らかなベクトル場は M 上の「滑らかな流れ」の場を形成するであろう．従って，その流れに舟を浮かべたなら，舟はスーッとスムーズに流れていくであろう．その軌道を数学的に定式化したものが次の概念である．

---

[9]局所座標系など用いず，単純な代数計算で Leibniz 則 $[X, Y](fg) = ([X, Y]f)g + f([X, Y]g)$ を示すという方法もある．

[10]本当はまだ気が早くて，この定義が座標系の取り方によらないこと，すなわち座標変換しても同じ形で書けることを示さねばならないが，それは読者の演習問題とする．

> **定義**
>
> $X \in \mathcal{X}(M)$ に対し，C^{∞} 級曲線 $C = \{p(t)\,; a < t < b\}$ であって，その各点 $p(t)$ における速度ベクトル $\dot{p}(t)$ が $X_{p(t)}$ に一致するようなものを X の**積分曲線**という．

　ここで，曲線 C の速度ベクトルという概念は，(2.5) により"内的に"定義されたものであったことを念のため注意しておく．さて，積分曲線を具体的に求めるには，局所座標系 $(x^1, \ldots, x^n)$ を用いたときに積分曲線が満たすべき微分方程式

$$\frac{dx^i}{dt} = v^i(x^1, \ldots, x^n) \qquad (i = 1, \ldots, n)$$

を解くことになる．上記微分方程式は次のように導出される．曲線 $p(t)$ を $p(t) = (x^i(t))_{i=1}^n$ と局所座標表示すると，任意の関数 $f \in C^{\infty}(M)$ に対し，

$$\frac{d}{dt} f(p(t)) = \frac{\partial f}{\partial x^i}(p(t)) \frac{dx^i}{dt}$$

となる．一方，(2.9) より

$$X_{p(t)} f = v^i(p(t)) \frac{\partial f}{\partial x^i}(p(t))$$

であるので，積分曲線の定義より上記微分方程式が得られる．従って常微分方程式の解の存在・一意性定理[11]から，C^{∞} 級ベクトル場 X の積分曲線は（少なくとも局所的には）一意に定まる．

　さて，多様体の各点に接ベクトルを割り当ててベクトル場を作ったように，各点に余接ベクトルを割り当てることもできる．

> **定義**
>
> 多様体 M の各点 p に対し，p における余接ベクトル $\omega_p \in T_p^* M$ を 1 つ付随させる対応 $\omega = \{\omega_p\}_{p \in M}$ のことを，M 上の **1 次微分形式**という．

　2 つの 1 次微分形式の和や関数倍も，ベクトル場のときと同様に定義される．さて，$(U\,; x^1, \ldots, x^n)$ を M の座標近傍とする．U の各点 p に第 i 方向の

---

[11]例えば，斎藤 [8]，木村 [9] を見よ．

標準的微分 $(dx^i)_p$ を対応させると，U 上の 1 次微分形式 $\left\{(dx^i)_p\right\}_{p \in U}$ が得られる．この 1 次微分形式を dx^i で表す．こうして，座標近傍 $(U\,;\,x^1,\dots,x^n)$ 上に n 個の標準的な 1 次微分形式

$$dx^1,\ dx^2,\ \dots,\ dx^n$$

が定まった．これらを用いると，M 上の 1 次微分形式 ω を U 上で

$$\omega = f_1\,dx^1 + \cdots + f_n\,dx^n\ \ (= f_i\,dx^i) \qquad \left(f_i(p) := \omega_p\left(\left(\frac{\partial}{\partial x^i}\right)_p\right)\right)$$

と局所座標表示することができる．実際，

$$\begin{aligned}
\omega_p\left(\left(\frac{\partial}{\partial x^i}\right)_p\right) &= (f_j(p)(dx^j)_p)\left(\left(\frac{\partial}{\partial x^i}\right)_p\right)\\
&= f_j(p)\left[(dx^j)_p\left(\left(\frac{\partial}{\partial x^i}\right)_p\right)\right] = f_j(p)\,\delta_i^j = f_i(p)
\end{aligned}$$

だからである．係数として現れる関数の組 $\{f_1,\dots,f_n\}$ を，局所座標系 $(x^1,\dots,x^n)$ に関する ω の**成分**という．そして，M のいずれの座標近傍 $(U\,;\,x^1,\dots,x^n)$ においても，1 次微分形式 ω を局所座標表示したときの成分がすべて C^∞ 級であるとき，ω は **C^∞ 級 1 次微分形式**という．M 上の C^∞ 級 1 次微分形式全体の集合を $\mathcal{D}^1(M)$ と書く．

例 2.4.1. $f \in C^\infty(M)$ に対し，$df = \dfrac{\partial f}{\partial x^i}\,dx^i$ であって，特に $df \in \mathcal{D}^1(M)$.

証明 定理 2.3.2 より $\left\{(dx^i)_p\right\}_i$ は T_p^*M の基底なので，$(df)_p \in T_p^*M$ を $(df)_p = a_i(dx^i)_p$ と展開すると，

$$(df)_p\left(\left(\frac{\partial}{\partial x^i}\right)_p\right) = (a_j(dx^j)_p)\left(\left(\frac{\partial}{\partial x^i}\right)_p\right) = a_j\,\delta_i^j = a_i$$

左辺は $\dfrac{\partial f}{\partial x^i}(p)$ であるから，

$$(df)_p = a_i(dx^i)_p = \frac{\partial f}{\partial x^i}(p)\,(dx^i)_p$$

p は任意だから

$$df = \frac{\partial f}{\partial x^i}\, dx^i$$

を得る.   □

　なお，この式は大学1年時に習う全微分そのものである．つまり関数の全
微分とは，1次微分形式に他ならない．

2.5　テンソル場

　前節では，多様体 M の各点に接ベクトルや余接ベクトルを割り当てたベク
トル場や1次微分形式を考えた．本節ではさらに一般化し，各点にテンソル
を割り当てたテンソル場というものを考えよう.

> **定義**
>
> 　多様体 M の各点 p に対し，p における接空間 T_pM 上の (r,s) 型テンソ
> ル F_p を1つ付随させる対応 $F = \{F_p\}_{p \in M}$ のことを，M 上の (r,s) **型テ
> ンソル場**という.

　同じ型の2つのテンソル場の和や関数倍も，ベクトル場のときと同様に定
義される．さらに (r,s) 型テンソル場 F と (r',s') 型テンソル場 G の**テンソル
積**を

$$F \otimes G := \{F_p \otimes G_p\}_{p \in M}$$

で定義する．3つ以上のテンソル場のテンソル積も同様である.

　さて，$(U\,;\,x^1,\ldots,x^n)$ を M の座標近傍とすると，M 上の (r,s) 型テンソ
ル場 F を U 上で

$$F = F^{i_1,\ldots,i_r}{}_{j_1,\ldots,j_s} \frac{\partial}{\partial x^{i_1}} \otimes \cdots \otimes \frac{\partial}{\partial x^{i_r}} \otimes dx^{j_1} \otimes \cdots \otimes dx^{j_s}$$

と局所座標表示することができる．そして，係数として現れる n^{r+s} 個の関数

$$F^{i_1,\ldots,i_r}{}_{j_1,\ldots,j_s}(p) := F_p\left((dx^{i_1})_p,\ldots,(dx^{i_r})_p,\left(\frac{\partial}{\partial x^{j_1}}\right)_p,\ldots,\left(\frac{\partial}{\partial x^{j_s}}\right)_p\right)$$

を，局所座標系 $(x^1, \ldots, x^n)$ に関するテンソル場 F の**成分**という．そして，M のいずれの座標近傍 $(U ; x^1, \ldots, x^n)$ においても F の成分がすべて C^∞ 級であるとき，F は $\boldsymbol{C^\infty}$ **級テンソル場**という．以下では C^∞ 級テンソル場のみを扱うことにする．

例 2.5.1. M 上定義された $(0, 2)$ 型テンソル場 g であって，各点 $p \in M$ で g_p が $T_p M$ 上の正定値対称双線形形式（要するに内積）であるものを M の **Riemann 計量**という．局所座標系 $(x^1, \ldots, x^n)$ を用いて

$$g = g_{ij}\, dx^i \otimes dx^j$$

と表すと，その成分

$$g_{ij} := g\left(\frac{\partial}{\partial x^i}, \frac{\partial}{\partial x^j}\right)$$

は正定値対称行列となる．Riemann 計量 g が与えられた多様体 M のことを，**Riemann 多様体**という．

最後に，テンソル場の別の解釈を与える重要な性質について説明しておこう．F を (r, s) 型テンソル場とする．さらに各 $i = 1, \ldots, r$ に対して $\omega_i, \tilde{\omega}_i \in \mathcal{D}^1(M)$，各 $j = 1, \ldots, s$ に対して $X_j, \tilde{X}_j \in \mathcal{X}(M)$ とし，定数 $a, b \in \mathbb{R}$ を任意に固定する．このとき，i 番目の 1 次微分形式に関する線形性

$$F(\omega_1, \ldots, (a\,\omega_i + b\,\tilde{\omega}_i), \ldots, \omega_r, X_1, \ldots, X_s)$$
$$= aF(\omega_1, \ldots, \omega_i, \ldots, \omega_r, X_1, \ldots, X_s)$$
$$+ bF(\omega_1, \ldots, \tilde{\omega}_i, \ldots, \omega_r, X_1, \ldots, X_s)$$

および j 番目のベクトル場に関する線形性

$$F(\omega_1, \ldots, \omega_r, X_1, \ldots, (a\,X_j + b\,\tilde{X}_j), \ldots, X_s)$$
$$= aF(\omega_1, \ldots, \omega_r, X_1, \ldots, X_j, \ldots, X_s)$$
$$+ bF(\omega_1, \ldots, \omega_r, X_1, \ldots, \tilde{X}_j, \ldots, X_s)$$

がすべての i, j について成り立つ．これを F の**多重 $\mathbb{R}$-線形性**という．

実は，テンソル場はこれよりもずっと強い性質，すなわち上記定数 $a, b \in \mathbb{R}$

を任意の関数 $f, g \in C^\infty(M)$ で置き換えてしまってもそのまま成り立つという著しい性質を有している。これを F の**多重 $C^\infty(M)$-線形性**という。関数倍が前に出せるという部分が特に重要であるので，そこだけ抜き出して書くと，任意の $f_1, \ldots, f_r, g_1, \ldots, g_s \in C^\infty(M)$ に対し

$$F(f_1\,\omega_1, \ldots, f_r\,\omega_r,\ g_1\,X_1, \ldots, g_s\,X_s)$$
$$= f_1 \cdots f_r\,g_1 \cdots g_s\,F(\omega_1, \ldots, \omega_r,\ X_1, \ldots, X_s) \qquad (2.10)$$

が成り立つ。詳しく書くと，

$$F(f_1\,\omega_1, \ldots, f_r\,\omega_r, g_1\,X_1, \ldots, g_s\,X_s)(p)$$
$$= f_1(p) \cdots f_r(p)\,g_1(p) \cdots g_s(p)\,F(\omega_1, \ldots, \omega_r,\ X_1, \ldots, X_s)(p) \qquad (2.11)$$

がすべての点 $p \in M$ で成り立つのである。写像 F の個々の引き数である1次微分形式やベクトル場を関数倍したとき，関数そのものが F の前に出してしまうという上記性質を F の**テンソル性**とよぶ。テンソル場 F とは各点 $p \in M$ に割り当てられたテンソル F_p を寄せ集めたものとして定義したのだから，点 p でのテンソル場の値が，点 p における関数値，余接ベクトル，接ベクトルだけから決まり，それらが p の周りでどのように変化しているかに依存しないのは当然といえば当然ではあるが，実はこの性質こそが，テンソル場であることの本質なのである。

実際，テンソル場 F のことはいったん忘れて，多重 $C^\infty(M)$-線形写像

$$G : \overbrace{\mathcal{D}^1(M) \times \cdots \times \mathcal{D}^1(M)}^{r} \times \underbrace{\mathcal{X}(M) \times \cdots \times \mathcal{X}(M)}_{s} \longrightarrow C^\infty(M) \qquad (2.12)$$

が任意に与えられたとしよう。さらに点 $p \in M$ と，p における余接ベクトル $\alpha_1, \ldots, \alpha_r \in T_p^*M$ および接ベクトル $\xi_1, \ldots, \xi_s \in T_pM$ を任意に固定する。一般に，点 p での値が α_i や ξ_j に一致するような M 上の1次微分形式 ω_i やベクトル場 X_j はいくらでもあるが[12]，それらをどのように選んだとしても，テンソル性 (2.11) により，p での値 $G(\omega_1, \ldots, \omega_r,\ X_1, \ldots, X_s)(p)$ は同じ値

---

[12] 点 p における値だけが指定されているので，そこから離れたところでの ω_i や X_j の挙動をいくらでも変形できるからである。

になる（すぐ後で示す）．従って，この値でもって p におけるテンソル F_p を
定義するというアイデア，すなわち

$$F_p(\alpha_1, \ldots, \alpha_r, \xi_1, \ldots, \xi_s) := G(\omega_1, \ldots, \omega_r, X_1, \ldots, X_s)(p)$$

は，α_i や ξ_j の拡張である ω_i や X_j の選び方の任意性によらず矛盾なく定義
されている（こういうことを well-defined という）．そして，こうして定まる
テンソル F_p を各点 p に割り当てることにより作られるテンソル場 F は G に
一致する．要するに，多重 $C^\infty(M)$-線形写像 (2.12) をテンソル場だと見なし
てよい，ということである．

　証明が後回しになっていた性質，すなわち p での値 $G(\omega_1, \ldots, \omega_r, X_1, \ldots,$
$X_s)(p)$ が α_i や ξ_j の拡張の仕方によらないことを証明しよう．まずは簡単の
ため，$r = s = 1$ の場合について示す．点 p の座標近傍 $(U; x^1, \ldots, x^n)$ をと
り，1 次微分形式 ω とベクトル場 X を

$$\omega = a_i dx^i, \qquad X = v^i \frac{\partial}{\partial x^i}$$

と展開する．もう 1 組，1 次微分形式 $\tilde{\omega}$ とベクトル場 $\tilde{X}$ を用意して，これも

$$\tilde{\omega} = \tilde{a}_i dx^i, \qquad \tilde{X} = \tilde{v}^i \frac{\partial}{\partial x^i}$$

と展開する．さて，これらが点 p で一致していたとしよう．すなわち

$$a_i(p) = \tilde{a}_i(p), \quad v^i(p) = \tilde{v}^i(p) \qquad (i = 1, \ldots, n)$$

とする．p 以外の点では一致していなくても構わない．このとき，上記テンソ
ル性から

$$G(\omega, X)(p) = a_i(p)v^j(p)\, G\left(dx^i, \frac{\partial}{\partial x^j}\right)(p)$$

$$= \tilde{a}_i(p)\tilde{v}^j(p)\, G\left(dx^i, \frac{\partial}{\partial x^j}\right)(p) = G(\tilde{\omega}, \tilde{X})(p)$$

となる．一般の (r, s) についても全く同様に証明できる．

　応用として，$(1, s)$ 型テンソル場の別の見方を説明しよう．第 0 章で説明し
たように，線形空間 V 上の $(1, s)$ 型テンソル，すなわち $(s+1)$ 重 $\mathbb{R}$-線形写像

$$F : V^* \times \underbrace{V \times \cdots \times V}_{s} \longrightarrow \mathbb{R}$$

は，s 重 $\mathbb{R}$-線形写像

$$\tilde{F} : \underbrace{V \times \cdots \times V}_{s} \longrightarrow V$$

と同一視できた．この事実と上記テンソル性とを組み合わせると，多様体 M 上の $(1, s)$ 型テンソル場，すなわち $(s + 1)$ 重 $C^\infty(M)$-線形写像

$$F : \mathcal{D}^1(M) \times \underbrace{\mathcal{X}(M) \times \cdots \times \mathcal{X}(M)}_{s} \longrightarrow C^\infty(M)$$

は，s 重 $C^\infty(M)$-線形写像

$$\tilde{F} : \underbrace{\mathcal{X}(M) \times \cdots \times \mathcal{X}(M)}_{s} \longrightarrow \mathcal{X}(M)$$

と同一視できることになる（各点 $p \in M$ で上記同一視に帰着させればよい）．

　この同一視は今後しばしば用いる重要な視点であるが，少々抽象的で分かりにくいかもしれないので，座標近傍 $(U; x^1, \ldots, x^n)$ を用いて具体的に説明してみよう．与えられた $(1, s)$ 型テンソル場

$$F = F^i{}_{j_1 \cdots j_s} \frac{\partial}{\partial x^i} \otimes dx^{j_1} \otimes \cdots \otimes dx^{j_s}$$

に対し，後半の $dx^{j_1} \otimes \cdots \otimes dx^{j_s}$ の部分にだけベクトル場を作用させて最初のベクトル場を残しておく写像

$$\begin{aligned}
\tilde{F}\left(\frac{\partial}{\partial x^{k_1}}, \ldots, \frac{\partial}{\partial x^{k_s}} \right) &= F^i{}_{j_1 \cdots j_s} \frac{\partial}{\partial x^i} \left(\frac{\partial x^{j_1}}{\partial x^{k_1}} \right) \cdots \left(\frac{\partial x^{j_s}}{\partial x^{k_s}} \right) \\
&= F^i{}_{j_1 \cdots j_s} \frac{\partial}{\partial x^i} \delta^{j_1}_{k_1} \cdots \delta^{j_s}_{k_s} \\
&= F^i{}_{k_1 \cdots k_s} \frac{\partial}{\partial x^i}
\end{aligned}$$

を対応づけると，F と $\tilde{F}$ の対応は 1 対 1 なので，これらは同一視できるというわけである．

第 3 章

多様体のアファイン接続

　第 1 章において，Euclid 平面のベクトル場 v が定ベクトル場であるとはどういうことかを，一般の曲線座標系を用いて調べた．すなわち，曲線座標系 $x = (x^i)_i$ の各座標曲線方向の接ベクトルからなる自然基底 $\{e_{x^i}\}_i$ を用いてベクトル場を $v = v^i e_{x^i}$ と成分表示するとき，

$$v \text{ が定ベクトル場} \iff \frac{\partial v^k}{\partial x^j} + v^i \Gamma_{ji}{}^k = 0 \qquad (\forall j, k)$$

$$\iff \nabla_{e_{x^j}} v = 0 \qquad (\forall j)$$

という話の流れで共変微分という考え方に到達した．ここに $\Gamma_{ji}{}^k$ は (1.4) もしくは (1.7) で定義される接続係数で，∇ は Euclid 平面の自然な平行移動をもとに (1.6) で定義される共変微分であった．

　Euclid 平面には初めから平行移動の構造が入っていたので，このような特徴づけが簡単にできたが，では一般の多様体でこのような議論を展開するにはどうしたらよいであろうか．多様体が与えられたからといって，平行移動の構造まで自動的に付与されるわけではない．つまり我々は，平行性の捉え方そのものから再出発しなければならない．本章では，第 1 章の話の流れを逆にたどる形で，初めにベクトル場の共変微分を公理的に定義し，そこから平行移動とは何かを調べていこうと思う．

3.1　ベクトル場の共変微分

多様体 M 上の共変微分を次で定義する.

定義

M を多様体とする. 以下の4条件を満たす写像

$$\nabla : \mathcal{X}(M) \times \mathcal{X}(M) \longrightarrow \mathcal{X}(M) : (X, Y) \longmapsto \nabla_X Y$$

を M の**共変微分**という：任意の $X, Y, Z \in \mathcal{X}(M)$ と任意の $f \in C^\infty(M)$ に対し

　i) $\nabla_X(Y + Z) = \nabla_X Y + \nabla_X Z$

　ii) $\nabla_X(fY) = (Xf)Y + f\nabla_X Y$

　iii) $\nabla_{X+Y} Z = \nabla_X Z + \nabla_Y Z$

　iv) $\nabla_{fX} Y = f\nabla_X Y$

　この性質を満たす写像はいくらでもあるのだが，そのうちのどれを共変微分として採用するかは各人の自由である，という一般的な立場をとることにする.

　いくつかコメントを述べておこう. まず，条件 ii) は第1章 (1.8) にも登場した Leibniz 則（積の微分法）であり，微分の満たすべき基本的な性質の1つである. そしてまさにこの要請のため，

$$F(X, Y) := \nabla_X Y$$

はテンソル性 (2.10) を満たさない. つまり共変微分 $\nabla : \mathcal{X}(M) \times \mathcal{X}(M) \longrightarrow \mathcal{X}(M)$ は $(1, 2)$ 型テンソル場ではない[1]. しかし共変微分を任意に2つ，例えば ∇ と ∇' を選ぶと，それらの差が定める写像

---

[1] 2.5 節の後半で，$(1, s)$ 型テンソル場 F と s 重 $C^\infty(M)$-線形写像 $\bar{F}$ の同一視について説明した部分を参照. なお，∇ が $(1, 2)$ 型テンソル場でないということは，ベクトル場 X, Y の点 $p \in M$ での値 X_p, Y_p を与えただけでは，ベクトル場 $\nabla_X Y$ の点 p での値 $(\nabla_X Y)_p$ は定まらないことを意味する.

$$S(X, Y) := \nabla_X Y - \nabla'_X Y$$

はテンソル性を満たす．すなわち，任意の $f, g \in C^\infty(M)$ に対し，

$$
\begin{aligned}
S(fX, gY) &= \nabla_{fX}(gY) - \nabla'_{fX}(gY) \\
&= f\nabla_X(gY) - f\nabla'_X(gY) \qquad \text{(性質 iv))} \\
&= f\{(Xg)Y + g\nabla_X Y\} \\
&\quad - f\{(Xg)Y + g\nabla'_X Y\} \qquad \text{(性質 ii))} \\
&= fg\{\nabla_X Y - \nabla'_X Y\} = fgS(X, Y)
\end{aligned}
$$

となっている．従って S は $(1, 2)$ 型テンソル場である．このことから，何か標準的な共変微分 $\nabla^{(0)}$ を M 上に1つ固定したなら，M 上の共変微分全体と M 上の $(1, 2)$ 型テンソル場とが1対1に対応することになる．標語的には

$$\{M \text{ 上の共変微分全体}\}$$

$$\overset{1 \text{ 対 } 1}{\longleftrightarrow} \nabla^{(0)} + \{M \text{ 上の } (1, 2) \text{ 型テンソル場全体}\} \tag{3.1}$$

である[2]．

次に，共変微分の局所座標表示について考えてみよう．座標近傍 $(U; x^1, \ldots, x^n)$ を1つ固定するとき，

$$\nabla_{\frac{\partial}{\partial x^i}} \frac{\partial}{\partial x^j} =: \Gamma_{ij}{}^k \frac{\partial}{\partial x^k} \tag{3.2}$$

で定まる n^3 個の C^∞ 級関数の組 $\{\Gamma_{ij}{}^k\}$ を局所座標系 (x^i) に関する**接続係数**という．別の座標近傍 $(V; \xi^1, \ldots, \xi^n)$ でも同様に

$$\nabla_{\frac{\partial}{\partial \xi^a}} \frac{\partial}{\partial \xi^b} =: \Gamma_{ab}{}^c \frac{\partial}{\partial \xi^c}$$

で局所座標系 (ξ^a) に関する接続係数の組 $\{\Gamma_{ab}{}^c\}$ を定めることができる．さて，座標近傍の共通部分 $U \cap V$ では2つの局所座標系 (x^i) と (ξ^a) が共存しているから，そこでは $\{\Gamma_{ij}{}^k\}$ と $\{\Gamma_{ab}{}^c\}$ の間に何らかの座標変換則があるはずである．それを導くために，$\nabla_{\frac{\partial}{\partial x^i}} \frac{\partial}{\partial x^j}$ を2通りに計算してみよう．

---

[2]第5章で「統計多様体の α-接続」なるものを定める際に，この事実を用いる．

まず

$$\nabla_{\frac{\partial}{\partial x^i}} \frac{\partial}{\partial x^j} = \Gamma_{ij}{}^k \frac{\partial}{\partial x^k} = \Gamma_{ij}{}^k \frac{\partial \xi^c}{\partial x^k} \frac{\partial}{\partial \xi^c} \tag{3.3}$$

一方

$$
\begin{aligned}
\nabla_{\frac{\partial}{\partial x^i}} \frac{\partial}{\partial x^j} &= \nabla_{\frac{\partial}{\partial x^i}} \left(\frac{\partial \xi^b}{\partial x^j} \frac{\partial}{\partial \xi^b} \right) \\
&= \frac{\partial^2 \xi^b}{\partial x^i \partial x^j} \frac{\partial}{\partial \xi^b} + \frac{\partial \xi^b}{\partial x^j} \nabla_{\frac{\partial}{\partial x^i}} \frac{\partial}{\partial \xi^b} \\
&= \frac{\partial^2 \xi^b}{\partial x^i \partial x^j} \frac{\partial}{\partial \xi^b} + \frac{\partial \xi^b}{\partial x^j} \nabla_{\left(\frac{\partial \xi^a}{\partial x^i} \frac{\partial}{\partial \xi^a} \right)} \frac{\partial}{\partial \xi^b} \\
&= \frac{\partial^2 \xi^b}{\partial x^i \partial x^j} \frac{\partial}{\partial \xi^b} + \frac{\partial \xi^b}{\partial x^j} \frac{\partial \xi^a}{\partial x^i} \nabla_{\frac{\partial}{\partial \xi^a}} \frac{\partial}{\partial \xi^b} \\
&= \frac{\partial^2 \xi^b}{\partial x^i \partial x^j} \frac{\partial}{\partial \xi^b} + \frac{\partial \xi^b}{\partial x^j} \frac{\partial \xi^a}{\partial x^i} \Gamma_{ab}{}^c \frac{\partial}{\partial \xi^c} \\
&= \left(\frac{\partial^2 \xi^c}{\partial x^i \partial x^j} + \frac{\partial \xi^a}{\partial x^i} \frac{\partial \xi^b}{\partial x^j} \Gamma_{ab}{}^c \right) \frac{\partial}{\partial \xi^c} \tag{3.4}
\end{aligned}
$$

(3.3) と (3.4) とを見比べると，

$$\Gamma_{ij}{}^k \frac{\partial \xi^c}{\partial x^k} = \frac{\partial^2 \xi^c}{\partial x^i \partial x^j} + \frac{\partial \xi^a}{\partial x^i} \frac{\partial \xi^b}{\partial x^j} \Gamma_{ab}{}^c$$

が分かるので，両辺に Jacobi 行列 $\dfrac{\partial \xi^c}{\partial x^k}$ の逆行列 $\dfrac{\partial x^k}{\partial \xi^c}$ を掛ければ

$$\Gamma_{ij}{}^k = \frac{\partial \xi^a}{\partial x^i} \frac{\partial \xi^b}{\partial x^j} \frac{\partial x^k}{\partial \xi^c} \Gamma_{ab}{}^c + \frac{\partial^2 \xi^c}{\partial x^i \partial x^j} \frac{\partial x^k}{\partial \xi^c} \tag{3.5}$$

という座標変換則を得る．逆に，各座標近傍で n^3 個の C^∞ 級関数の組 $\{\Gamma_{ij}{}^k\}$ が与えられ，それらが共通部分で座標変換則 (3.5) を満たしているなら，(3.2) により共変微分が矛盾なく定められることになる．

さて，共変微分がテンソル場でないことを上で述べたが，座標変換則 (3.5) を介してこの事実を確認しておくことは重要である．一般に，座標変換 (x^i) $\to (\xi^a)$ に伴い，1 次微分形式やベクトル場は

$$dx^i = \frac{\partial x^i}{\partial \xi^a} d\xi^a, \qquad \frac{\partial}{\partial x^i} = \frac{\partial \xi^a}{\partial x^i} \frac{\partial}{\partial \xi^a}$$

と変換されるので，もし F が (r,s) 型テンソルであったなら，テンソル性 (2.10) から，F の成分は

$$F^{i_1,\ldots,i_r}{}_{j_1,\ldots,j_s}$$

$$= \left(\frac{\partial x^{i_1}}{\partial \xi^{a_1}}\right)\cdots\left(\frac{\partial x^{i_r}}{\partial \xi^{a_r}}\right)\left(\frac{\partial \xi^{b_1}}{\partial x^{j_1}}\right)\cdots\left(\frac{\partial \xi^{b_s}}{\partial x^{j_s}}\right)F^{a_1,\ldots,a_r}{}_{b_1,\ldots,b_s} \qquad (3.6)$$

という座標変換則を満たすことになる[3]．ところが接続係数の座標変換則 (3.5) は，右辺第 2 項があるためにこの性質を満たさない．こうして，共変微分がテンソル場ではないという事実が，共変微分の成分表示，すなわち接続係数の座標変換則のレベルでも確認できた．

　ついでに少し先走った注を述べておこう．第 1 章の状況に対応し，多様体 M を Euclid 平面とし，局所座標系 (ξ^a) を直交座標系にとってみる．すると座標系 (ξ^a) は Euclid 接続に関するアファイン座標系とよばれるものになり，従ってすべての a,b,c で $\Gamma_{ab}{}^c = 0$ となってしまう（3.5 節参照）．よって (3.5) より

$$\Gamma_{ij}{}^k = \frac{\partial^2 \xi^a}{\partial x^i \partial x^j}\frac{\partial x^k}{\partial \xi^c}$$

が得られるが，これは第 1 章で導入した接続係数 (1.4) そのものである．言い換えると，第 1 章で接続係数 (1.4) を導入した際には共変微分はまだ（見掛け上）導入していなかったが，その代わりに直交座標系という（Euclid 接続に関する情報を含んだ）特殊な座標系を用いて議論していた，というのが接続係数 (1.4) の定義の裏に隠されたカラクリだったのである．

3.2　アファイン接続

> **定義**
>
> 　多様体 M の各座標近傍に，座標変換則 (3.5) を満たす C^∞ 級関数の組 $\{\Gamma_{ij}{}^k\}$ を与えることを，M に**アファイン接続**を与えるといい，$\{\Gamma_{ij}{}^k\}$ を**接続係数**という．

---

[3]物理の文献では，変換則が Jacobi 行列の積で書けるという性質 (3.6) のことをテンソル性とよんでいることが多い．

　前節で見たように，アファイン接続を与えることと共変微分 ∇ を与えることは同等なので，以下では共変微分 ∇ とアファイン接続を同一視して，アファイン接続 ∇ などということにする．また，アファイン接続のことを単に接続ということもある．

　さて第1章では，Euclid 平面上の定ベクトル場というものを，すべての方向について共変微分がゼロとなるベクトル場として特徴づけた．共変微分がゼロというのは，Euclid 平面上で隣接する2点での接ベクトル同士が互いに平行だということである．従って，第1章の逆をたどる方針の本章で次にやるべきことは，多様体上で隣接する2点での接ベクトル同士が互いに平行であるとはどういうことかを共変微分を用いて定義することである．ところで，平行であるかどうかを判定することは，実質的に平行移動というものを定めることに相当する．そしてこれは，平行移動を介して隣接する接空間を対応づける（つなげる）ことに相当する．それがアファイン接続という用語の背景にあるニュアンスである．

　次に，平行移動を定義したいのだが，Euclid 平面のときのように，いきなり遠く離れた2点での接ベクトルを対応づけるのではなく，曲線に沿って，少しずつ平行移動して移動させるという方針をとる．次節で明らかになるように，離れた2点の間で接ベクトルを平行移動すると，一般にその結果はその2点を結ぶ経路に依存してしまうからである．

　そこで，多様体 M 上に，平行移動の経路を与える滑らかな曲線 $C = \{p(t)\}$ を任意に用意しよう．M の座標近傍 $(U\,;\,x^1,\ldots,x^n)$ においてこの曲線を $p(t) = (x^1(t),\ldots,x^n(t))$ と局所座標表示すると，点 $t = t_0$ における曲線 C の速度ベクトル $\dot{p}(t_0)$ は，(2.5) より

$$\frac{dx^i}{dt}(t_0)\left(\frac{\partial}{\partial x^i}\right)_{p(t_0)}$$

で与えられる．これを $\left(\dfrac{d}{dt}\right)_{t_0}$ という記号で表すこともある．すなわち

$$\left(\frac{d}{dt}\right)_{t_0} = \frac{dx^i}{dt}(t_0)\left(\frac{\partial}{\partial x^i}\right)_{p(t_0)}$$

である．さらに，点 $t = t_0$ を指定せずに

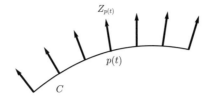

図 3.1 曲線 $C = \{p(t)\}$ に沿って平行なベクトル場 $Z = Z_{p(t)}$

$$\frac{d}{dt} = \frac{dx^i}{dt}\frac{\partial}{\partial x^i} \tag{3.7}$$

と書いた場合は，曲線 C の速度ベクトルからなる，曲線 C に沿って定義されたベクトル場を表すものとする．この記法は，$\dot{p}(t)$ という象徴的な記法に比べ，形式的計算を行ううえで便利である．

定義

多様体 M にアファイン接続 ∇ が与えられているとする．M 上の滑らかな曲線

$$C = \{p(t)\,;\, a \leq t \leq b\}$$

に沿って定義されたベクトル場 $Z = \{Z_{p(t)}\}$ が

$$\nabla_{\dot{p}(t)} Z = 0 \qquad (a \leq t \leq b) \tag{3.8}$$

を満たすとき，Z は接続 ∇ に関し，**C に沿って平行**であるという（図 3.1）．

座標近傍 $(U\,;\, x^1, \ldots, x^n)$ 上で，条件式 (3.8) を局所座標表示してみよう．

$$Z_{p(t)} = Z^i(t) \left(\frac{\partial}{\partial x^i}\right)_{p(t)}$$

と成分表示すると，

$$\nabla_{\dot{p}(t)} Z = \nabla_{\frac{d}{dt}} Z = \nabla_{\dot{x}^i \frac{\partial}{\partial x^i}} \left(Z^j \frac{\partial}{\partial x^j}\right)$$

$$= \dot{x}^i \left(\frac{\partial Z^j}{\partial x^i}\frac{\partial}{\partial x^j} + Z^j \nabla_{\frac{\partial}{\partial x^i}}\frac{\partial}{\partial x^j}\right)$$

$$= \dot{Z}^j \frac{\partial}{\partial x^j} + \dot{x}^i Z^j \Gamma_{ij}{}^k \frac{\partial}{\partial x^k} = \left(\dot{Z}^k + \dot{x}^i Z^j \Gamma_{ij}{}^k \right) \frac{\partial}{\partial x^k}$$

となる. ここで $\dot{x}^i$ や $\dot{Z}^j$ は t での微分を表す. 従って (3.8) は, すべての t において

$$\dot{Z}^k(t) + \Gamma_{ij}{}^k(p(t)) \dot{x}^i(t) Z^j(t) = 0 \qquad (k = 1, \dots, n) \qquad (3.9)$$

が成り立つことと同値である.

例 3.2.1 (測地線). 曲線 C の速度ベクトル場 $\dot{p}(t)$ 自身ももちろん曲線 C に沿ったベクトル場なので, $Z = \dot{p}(t)$ としてみよう. (3.8) に対応する式

$$\nabla_{\dot{p}(t)} \dot{p}(t) = 0$$

は, 曲線 C の速度ベクトル場が C 自身に沿って平行であることを意味する. このような曲線を, 接続 ∇ に関する**測地線**という. (3.9) より, 座標近傍 $(U ; x^1, \dots, x^n)$ 上では

$$\ddot{x}^k(t) + \Gamma_{ij}{}^k(p(t)) \dot{x}^i(t) \dot{x}^j(t) = 0 \qquad (k = 1, \dots, n) \qquad (3.10)$$

と同値である. これを測地線の方程式とよぶ.

さて, 曲線 C に沿ったベクトル場の平行性の判定条件 (3.9) は, よく見ると $\{Z^i(t)\}$ に関する 1 階線形常微分方程式である. 従って, 点 $p(a) \in M$ における接ベクトル v を任意に与えると, C に沿って平行なベクトル場 Z であって $Z_{p(a)} = v$ を満たすものが, 初期条件 $Z_{p(a)} = v$ のもとでの (3.9) の解として一意に定まる (図 3.2). こうして我々は「接ベクトルを平行移動していく」という描像を獲得する.

> **定義**
>
> M 上の滑らかな曲線 $C = \{p(t) ; a \le t \le b\}$ と $v \in T_{p(a)}M$ が任意に与えられたとき, (3.9) の解として定まるベクトル場 Z の $t = b$ での値 $Z_{p(b)} \in T_{p(b)}M$ を, C に沿って v を $p(a)$ から $p(b)$ まで**平行移動**して得られる接ベクトルという.

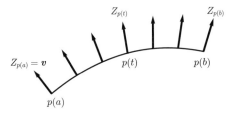

図 3.2　曲線 $C = \{p(t)\}$ に沿った接ベクトルの平行移動

上記平行移動は，2 つの接空間 $T_{p(a)}M$ と $T_{p(b)}M$ の間の対応関係

$$\prod_C : T_{p(a)}M \longrightarrow T_{p(b)}M \tag{3.11}$$

を定める．これを C に沿った接空間の平行移動という．始点と終点を明示したい場合は，$\prod_C$ の代わりに $\prod_{p(b)}^{p(a)}$ もしくは $\prod_b^a$ などと書くことにする．

定理 3.2.2. C に沿った接空間の平行移動 $\prod_C$ は全単射な線形写像（線形同型）である．

証明　平行移動 $\prod_C$ が線形写像であることは，微分方程式 (3.9) が Z^i に関する線形方程式であることの帰結であり，全単射であることは (3.9) の解の存在と一意性からの帰結である．　　　　　　　　　　　　　　　　　□

なお，上記定義では C を滑らかな曲線としていたが，区分的に滑らかな曲線（有限個の例外点を除いて滑らかな曲線）に拡張するのは容易である．すなわち，C の例外点を $c_1 < c_2 < \cdots < c_k$ とするとき，各例外点 $t = c_i$ で曲線を切り分け，

$$\prod_b^a = \prod_b^{c_k} \circ \cdots \circ \prod_{c_2}^{c_1} \circ \prod_{c_1}^a$$

を満たすように順次平行移動を繰り返していけばよい．

こうして，アファイン接続 ∇ が定義された多様体 M 上では，曲線 $C = \{p(t)\,;\, a \leq t \leq b\}$ を介して，離れた 2 点 $p(a), p(b) \in M$ での接ベクトルが平行か否かを論ずることが可能となった．つまり

$$v \in T_{p(a)}M \text{ と } w \in T_{p(b)}M \text{ が } C \text{ を介して平行} \iff \prod_C v = w$$

というわけである．この着想は，$v \in T_{p(a)}M$ と $w \in T_{p(b)}M$ がどのくらい異なっているかを議論する1つの視点を与えているともいえる．つまり，両者の "実質的な" 違いは

$$\left(\prod_C v\right) - w$$

で測れるであろうという視点である．実はこの無限小版を考えることにより，共変微分 ∇ の幾何学的意味づけを与えることができる．

定理 3.2.3. M をアファイン接続 ∇ が与えられた多様体とし，点 $p(a) \in M$ を通る M の滑らかな曲線

$$C = \{p(t)\,;\, a - \varepsilon < t < a + \varepsilon\} \qquad (\varepsilon > 0)$$

を考える．任意のベクトル場 $Y \in \mathcal{X}(M)$ に対し

$$\left(\nabla_{\dot{p}(t)} Y\right)_{p(a)} = \lim_{t \to a} \frac{1}{t-a}\left\{\prod_{p(a)}^{p(t)} Y_{p(t)} - Y_{p(a)}\right\} \tag{3.12}$$

　証明に移る前に，この定理の意味するところを説明しておこう．(3.12) の右辺は，曲線 C 上の隣接する2点 $p(t)$ と $p(a)$ におけるベクトル場 Y の値 $Y_{p(t)}$ と $Y_{p(a)}$ がどのくらい異なるかを比較し，その変化率を C に沿って計算したものである．特徴的なことは，$Y_{p(t)}$ と $Y_{p(a)}$ をそのまま比較するのではなく，C に沿った平行移動 $\prod_{p(a)}^{p(t)}$ を用いて $Y_{p(t)}$ を $Y_{p(a)}$ の住む空間 $T_{p(a)}M$ に移動してから比較している点である．

　関係式 (3.12) の着想自体は，Euclid 平面における共変微分の定義 (1.6) と全く同様である．ただし Euclid 平面のときは，それがアファイン空間であるという特殊性から，点 $\tilde{\mathrm{P}}$ での接ベクトル $\tilde{e}_{x^i}$ を（そのまま平行移動してきて）点 P での接ベクトルと見なすことができ，従って $\tilde{e}_{x^i} - e_{x^i}$ という計算がきちんと意味を持っていた．しかし一般の多様体ではそのようなことはできない．例えば上の状況を考えてみよう．2つの接ベクトル $Y_{p(t)}$ と $Y_{p(a)}$ は全く異なる空間（それぞれ $T_{p(t)}M$ と $T_{p(a)}M$）に属しており，その間には代数関係な

ど存在しないので，例えば $Y_{p(t)} - Y_{p(a)}$ などという計算が意味を持たないのである．そこで上記定理では，平行移動を用いて共通の空間 $T_{p(a)}M$ に思考の土俵を移し，その上で接ベクトルの変化 $\prod_{p(a)}^{p(t)} Y_{p(t)} - Y_{p(a)}$ を論じているのである．

証明　問題は局所的なので，（必要ならば ε を小さく取り直して）曲線 C をすっぽり包む座標近傍 $(U; x^1, \ldots, x^n)$ を用いて証明する．まず，曲線 C を $p(t) = (x^i(t))$ と局所座標表示する．次に，Y を C の上に制限して考えることにして

$$Y_{p(t)} = Y^i(t) \left(\frac{\partial}{\partial x^i} \right)_{p(t)}$$

と成分表示する．一方，Z を C に沿って平行な任意のベクトル場とし，それを

$$Z_{p(t)} = Z^i(t) \left(\frac{\partial}{\partial x^i} \right)_{p(t)}$$

と成分表示する．Z が C に沿って平行であるための必要十分条件は (3.9) で与えられたが，$t = a$ の近傍ではこれは

$$\frac{Z^k(a+h) - Z^k(a)}{h} + \Gamma_{ij}{}^k(p(a+h))\dot{x}^i(a+h)Z^j(a+h) = o(1) \quad (3.13)$$

と同値である[4]．そこで Z として，特に $Z_{p(a+h)} = Y_{p(a+h)}$ となるようなベクトル場（つまり $Y_{p(a+h)}$ を曲線 C に沿って平行移動したベクトル場）をとると，

$$\prod_{p(a)}^{p(a+h)} Y_{p(a+h)}$$
$$= \prod_{p(a)}^{p(a+h)} Z_{p(a+h)} = Z_{p(a)} = Z^k(a) \left(\frac{\partial}{\partial x^k} \right)_{p(a)}$$
$$= \left\{ Z^k(a+h) + h\Gamma_{ij}{}^k(p(a+h))\dot{x}^i(a+h)Z^j(a+h) + o(h) \right\} \left(\frac{\partial}{\partial x^k} \right)_{p(a)}$$
$$= \left\{ Y^k(a+h) + h\Gamma_{ij}{}^k(p(a+h))\dot{x}^i(a+h)Y^j(a+h) + o(h) \right\} \left(\frac{\partial}{\partial x^k} \right)_{p(a)}$$

---

[4] 左辺第 2 項を $\Gamma_{ij}{}^k(p(a))\dot{x}^i(a)Z^j(a)$ とした方が分かりやすいが，その差は $O(h)$ なので右辺の $o(1)$ に吸収されている．

ここで最初の等号では $Y_{p(a+h)} = Z_{p(a+h)}$ を，2番目の等号では Z が C に沿って平行であることを，4番目の等号では (3.13) を，そして最後の等号では再び $Z_{p(a+h)} = Y_{p(a+h)}$ を用いた．以上から

$$
\begin{aligned}
\lim_{h \to 0} \frac{1}{h} & \left\{ \textstyle\prod_{p(a)}^{p(a+h)} Y_{p(a+h)} - Y_{p(a)} \right\} \\
&= \lim_{h \to 0} \left\{ \frac{Y^k(a+h) - Y^k(a)}{h} \right. \\
&\qquad \left. + \Gamma_{ij}{}^k(p(a+h))\dot{x}^i(a+h)Y^j(a+h) + o(1) \right\} \left(\frac{\partial}{\partial x^k} \right)_{p(a)} \\
&= \left\{ \dot{Y}^k(a) + \Gamma_{ij}{}^k(p(a))\dot{x}^i(a)Y^j(a) \right\} \left(\frac{\partial}{\partial x^k} \right)_{p(a)} \\
&= \left(\nabla_{\dot{p}(t)} Y \right)_{p(a)}
\end{aligned}
$$

を得る．最後の等号では (3.9) を導出する際の計算を用いた．　　　　　□

3.3　曲　　率

　前節では，曲線を介した平行移動というものを論じた．なぜ「曲線を介して移動する」などという面倒な手続きをとったのか？　それは，平行移動が一般には始点と終点だけからは定まらず，その2点を結ぶ曲線の選び方に依存してしまうからである．この事実を定量的に表現する曲率という量を導入しよう．

┌─ **定義** ─────────────────────────────┐

　アファイン接続 ∇ を持つ多様体 M 上で定義された3重 $C^\infty(M)$-線形写像

$$
R : \mathcal{X}(M) \times \mathcal{X}(M) \times \mathcal{X}(M) \longrightarrow \mathcal{X}(M)
$$
$$
: (X, Y, Z) \longmapsto \nabla_X(\nabla_Y Z) - \nabla_Y(\nabla_X Z) - \nabla_{[X,Y]} Z
$$

を，接続 ∇ の **(Riemann) 曲率テンソル場**という．

└──────────────────────────────────┘

　上で定義された写像 R が3重 $C^\infty(M)$-線形写像であること，特に任意の

$f, g, h \in C^\infty(M)$ に対して

$$R(fX, gY, hZ) = fgh\, R(X, Y, Z)$$

となることを証明するのは読者の演習問題とする. そしてこれが $(1,3)$ 型テンソル場と見なせることは, 2.5 節で説明した通りである. なお, $R(X, Y, Z)$ を $R(X, Y)Z$ と書く流儀もある. ここに

$$R(X, Y) = \nabla_X \nabla_Y - \nabla_Y \nabla_X - \nabla_{[X,Y]}$$

である.

次に, 座標近傍 $(U; x^1, \ldots, x^n)$ における R の成分を求めてみよう. ところで, 局所座標系 (x^i) におけるベクトル場の自然基底を, これまで

$$\frac{\partial}{\partial x^i}$$

と書いてきたが, 情報量的観点からは極めて冗長であるし, 例えば共変微分では

$$\nabla_{\frac{\partial}{\partial x^i}} \frac{\partial}{\partial x^j}$$

のように下つきのベクトル場が小さくなって非常に見にくい. そこで今後は (混乱の恐れのない限り) 上記自然基底を ∂_i という記号で表すことにする. すなわち

$$\partial_i = \frac{\partial}{\partial x^i}$$

である. 我々は Schouten の記法を用いているので, 異なる局所座標系はインデックスの違いとして識別できる. 例えば別の局所座標系 (ξ^a) を同時に用いていたとしても, ∂_a と書けば, 局所座標系 (ξ^a) の自然基底, すなわち

$$\partial_a = \frac{\partial}{\partial \xi^a}$$

であることが分かる. このように, 前後の文脈から, 用いている局所座標系をインデックスで識別できる場合には, ∂_i とか ∂_a という記法を用いても混乱は生じないのである.

早速使ってみよう. 局所座標系 (x^i) における R の成分は

$$R(\partial_i, \partial_j, \partial_k) =: R_{ijk}{}^\ell \partial_\ell$$

で定義される n^4 個の関数 $R_{ijk}{}^\ell$ である[5]. 成分 $R_{ijk}{}^\ell$ を具体的に求めるために, 左辺を計算すると,

$$
\begin{aligned}
R(\partial_i, \partial_j, \partial_k) &= \nabla_{\partial_i}(\nabla_{\partial_j}\partial_k) - \nabla_{\partial_j}(\nabla_{\partial_i}\partial_k) - \nabla_{[\partial_i, \partial_j]}\partial_k \\
&= \nabla_{\partial_i}(\Gamma_{jk}{}^m \partial_m) - \nabla_{\partial_j}(\Gamma_{ik}{}^m \partial_m) \\
&= (\partial_i \Gamma_{jk}{}^m)\partial_m + \Gamma_{jk}{}^m(\nabla_{\partial_i}\partial_m) - (\partial_j \Gamma_{ik}{}^m)\partial_m \\
&\quad - \Gamma_{ik}{}^m(\nabla_{\partial_j}\partial_m) \\
&= (\partial_i \Gamma_{jk}{}^m)\partial_m + \Gamma_{jk}{}^m(\Gamma_{im}{}^\ell \partial_\ell) - (\partial_j \Gamma_{ik}{}^m)\partial_m \\
&\quad - \Gamma_{ik}{}^m(\Gamma_{jm}{}^\ell \partial_\ell) \\
&= \left(\partial_i \Gamma_{jk}{}^\ell - \partial_j \Gamma_{ik}{}^\ell + \Gamma_{jk}{}^m \Gamma_{im}{}^\ell - \Gamma_{ik}{}^m \Gamma_{jm}{}^\ell\right)\partial_\ell
\end{aligned}
$$

第2の等号では, 恒等式 $[\partial_i, \partial_j] = 0$ を用いた[6]. 従って

$$R_{ijk}{}^\ell = \partial_i \Gamma_{jk}{}^\ell - \partial_j \Gamma_{ik}{}^\ell + \Gamma_{jk}{}^m \Gamma_{im}{}^\ell - \Gamma_{ik}{}^m \Gamma_{jm}{}^\ell \tag{3.14}$$

である.

さて, 本節冒頭で, ベクトルの平行移動は一般に始点と終点を結ぶ曲線の選び方に依存してしまい, それを定量的に表す量が曲率であると述べた. 経路の違いによる平行移動の結果の違いが本当に曲率テンソルと関係するのか, 計算で確かめてみよう. 座標近傍 $(U; x^1, \ldots, x^n)$ において, 座標曲線 x^i と x^j $(i \neq j)$ を辺に持ち, 次の4点を頂点とする微小四辺形 ABCD を考える. まず, 点 A の座標を

$$x = (x^1, \ldots, x^n)$$

とする. 次に, 第 i 番目の座標のみ ε_i だけ変位させ, 残りの方向は動かさない "変位ベクトル" を

---

[5] インデックスの順番として $R^\ell{}_{ijk}$ と書いた方が第0章の記法に忠実であるが, ここでは接続係数の定義 (3.2) に準じた記法を用いることにする.

[6] これは, 任意の $f \in C^\infty(M)$ に対し $[\partial_i, \partial_j]f = \partial_i\partial_j f - \partial_j\partial_i f = 0$ であることから分かる.

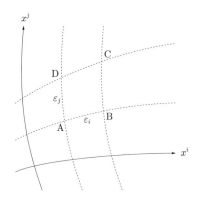

図 3.3 座標曲線からなる微小四辺形 ABCD

$$\delta_i := (\underbrace{0, \ldots, 0, \varepsilon_i, 0, \ldots, 0}_{i})$$

で表し，点 A から δ_i，$\delta_i + \delta_j$，δ_j だけ変位した座標を持つ点をそれぞれ B, C, D とする（図 3.3）．そして，点 C における接ベクトル ∂_k を，C→B→A という経路と C→D→A という経路の 2 つの経路を使って A まで平行移動し，両者がどのくらいずれるか計算してみよう．計算を見やすくするため，頂点 A, B, C, D を局所座標でそれぞれ x, $x + \delta_i$, $x + \delta_i + \delta_j$, $x + \delta_j$ と書くことにし，点 x における自然基底を $\partial_i(x)$ などと書くことにする．計算したい量は

$$\prod_x^{x+\delta_i} \prod_{x+\delta_i}^{x+\delta_i+\delta_j} \partial_k(x + \delta_i + \delta_j) - \prod_x^{x+\delta_j} \prod_{x+\delta_j}^{x+\delta_i+\delta_j} \partial_k(x + \delta_i + \delta_j) \quad (3.15)$$

である．まず，経路 C→B→A に対応する第 1 項を計算しよう．定理 3.2.3 より

$$\begin{aligned}
\prod_{x+\delta_i}^{x+\delta_i+\delta_j} \partial_k(x + \delta_i + \delta_j) = {}& \partial_k(x + \delta_i) + \varepsilon_j \Gamma_{jk}{}^\ell(x + \delta_i) \partial_\ell(x + \delta_i) \\
& + \varepsilon_j^2 A_{jk}{}^\ell(x + \delta_i) \partial_\ell(x + \delta_i) + O(\varepsilon_j^3)
\end{aligned}$$

となる．ここに $A_{jk}{}^\ell(\,\cdot\,)$ は 2 次の展開係数を表す滑らかな関数である[7]．これ

---

[7] 平行移動の方程式 (3.9) を用いて具体的に計算すると，$A_{jk}{}^\ell(x) = \frac{1}{2}\big(\partial_j \Gamma_{jk}{}^\ell(x) + \Gamma_{jk}{}^m(x)\Gamma_{jm}{}^\ell(x)\big)$ となる．

より

$$\prod_x^{x+\delta_i}\prod_{x+\delta_i}^{x+\delta_i+\delta_j}\partial_k(x+\delta_i+\delta_j)$$

$$= \prod_x^{x+\delta_i}\partial_k(x+\delta_i) + \varepsilon_j\Gamma_{jk}{}^\ell(x+\delta_i)\prod_x^{x+\delta_i}\partial_\ell(x+\delta_i)$$

$$\quad + \varepsilon_j^2 A_{jk}{}^\ell(x+\delta_i)\prod_x^{x+\delta_i}\partial_\ell(x+\delta_i) + O(\varepsilon_j^3)$$

$$= \left\{\partial_k(x) + \varepsilon_i\Gamma_{ik}{}^m(x)\partial_m(x) + \varepsilon_i^2 A_{ik}{}^m(x)\partial_m(x) + O(\varepsilon_i^3)\right\}$$

$$\quad + \varepsilon_j\left\{\Gamma_{jk}{}^\ell(x) + \varepsilon_i\partial_i\Gamma_{jk}{}^\ell(x) + O(\varepsilon_i^2)\right\}$$

$$\qquad \times\left\{\partial_\ell(x) + \varepsilon_i\Gamma_{i\ell}{}^m(x)\partial_m(x) + O(\varepsilon_i^2)\right\}$$

$$\quad + \varepsilon_j^2\left\{A_{jk}{}^\ell(x) + O(\varepsilon_i)\right\}\left\{\partial_\ell(x) + O(\varepsilon_i)\right\} + O(\varepsilon_j^3)$$

$$= \partial_k(x) + \left\{\varepsilon_i\Gamma_{ik}{}^\ell(x) + \varepsilon_j\Gamma_{jk}{}^\ell(x)\right\}\partial_\ell(x)$$

$$\quad + \left\{\varepsilon_i^2 A_{ik}{}^\ell(x) + \varepsilon_j^2 A_{jk}{}^\ell(x)\right\}\partial_\ell(x)$$

$$\quad + \varepsilon_i\varepsilon_j\left\{\partial_i\Gamma_{jk}{}^\ell(x) + \Gamma_{jk}{}^m(x)\Gamma_{im}{}^\ell(x)\right\}\partial_\ell(x) + O(\varepsilon^3)$$

となる．ここで $O(\varepsilon^3)$ は $\varepsilon = \varepsilon_i = \varepsilon_j$ としたときに ε について 3 次以上の微小量となる項を表す．経路 C→D→A に対応する (3.15) の第 2 項は上式で i と j を交換すればよい．よって

$$(3.15) = \varepsilon_i\varepsilon_j\left\{\partial_i\Gamma_{jk}{}^\ell - \partial_j\Gamma_{ik}{}^\ell + \Gamma_{jk}{}^m\Gamma_{im}{}^\ell - \Gamma_{ik}{}^m\Gamma_{jm}{}^\ell\right\}\partial_\ell(x) + O(\varepsilon^3)$$

$$= \varepsilon_i\varepsilon_j R_{ijk}{}^\ell\partial_\ell + O(\varepsilon^3)$$

$$= \varepsilon_i\varepsilon_j R(\partial_i,\partial_j,\partial_k) + O(\varepsilon^3) \tag{3.16}$$

こうして曲率 $R(\partial_i,\partial_j,\partial_k)$ とは，(3.15) が表す接ベクトルのズレのうち，微小四辺形 ABCD の "面積" $\varepsilon_i\varepsilon_j$ に比例する主要項を表していることが分かる．

　ところで (3.16) には 3 次以上の微小量が存在するので，曲率 R がゼロならば本当に平行移動が経路によらないのかどうか，この計算だけからははっきりしない．そこで改めてこの事実を証明しておこう．ベクトル場 $Z \in \mathcal{X}(M)$ が曲線 $C = \{p(t)\}$ に沿って平行であるための必要十分条件は

$$\nabla_{\dot{p}(t)}Z = \dot{x}^i\left(\frac{\partial Z^\ell}{\partial x^i} + Z^m\Gamma_{im}{}^\ell\right)\frac{\partial}{\partial x^\ell} = 0$$

であった（条件式 (3.9) を導出する計算を見よ）．従って Z が "任意の曲線 C に沿って平行" となるための必要十分条件は

$$\frac{\partial Z^\ell}{\partial x^i} + Z^m \Gamma_{im}{}^\ell = 0 \qquad (\forall i, \ell) \tag{3.17}$$

である．

さて，このようなベクトル場 Z が（局所的に）存在，すなわち方程式 (3.17) が可積分であるための必要十分条件は，

$$\frac{\partial^2 Z^\ell}{\partial x^i \partial x^j} = \frac{\partial^2 Z^\ell}{\partial x^j \partial x^i}$$

となることである[8]．(3.17) よりこれは

$$\frac{\partial}{\partial x^i} \left(Z^m \Gamma_{jm}{}^\ell \right) = \frac{\partial}{\partial x^j} \left(Z^m \Gamma_{im}{}^\ell \right)$$

と同値であり，この微分を計算して再び (3.17) を用いれば，上式は

$$Z^k \left\{ -\Gamma_{ik}{}^m \Gamma_{jm}{}^\ell + \partial_i \Gamma_{jk}{}^\ell + \Gamma_{jk}{}^m \Gamma_{im}{}^\ell - \partial_j \Gamma_{ik}{}^\ell \right\} = 0$$

と書き直せる．上式の $\{\cdots\}$ の部分は曲率 (3.14) に他ならない．すなわち，曲率がゼロなら，平行移動は（少なくとも局所的には）始点と終点を結ぶ曲線の取り方に依存しないのである．

3.4 捩 率

前節で導入した曲率と対をなす重要な量が捩率である．

定義

アファイン接続 ∇ を持つ多様体 M 上で定義された2重 $C^\infty(M)$-線形写像

$$T : \mathcal{X}(M) \times \mathcal{X}(M) \longrightarrow \mathcal{X}(M) : (X, Y) \longmapsto \nabla_X Y - \nabla_Y X - [X, Y]$$

を，接続 ∇ の**捩率テンソル場**という．

---

[8] 例えば，木村 [9, 第3章] を参照．

上で定義された写像 T が 2 重 $C^\infty(M)$-線形写像であること，特に任意の $f, g \in C^\infty(M)$ に対して

$$T(fX, gY) = fg\, T(X, Y)$$

が成り立つことを証明するのは簡単である．そして T が $(1, 2)$ 型テンソル場と見なせることは，やはり 2.5 節で説明した通りである．

次に，座標近傍 $(U; x^1, \ldots, x^n)$ における T の成分を求めてみよう．局所座標系 (x^i) における T の成分は

$$T(\partial_i, \partial_j) =: T_{ij}{}^k \partial_k$$

で定義される n^3 個の関数 $T_{ij}{}^k$ である．具体的に求めよう．左辺を計算すると，

$$T(\partial_i, \partial_j) = \nabla_{\partial_i}\partial_j - \nabla_{\partial_j}\partial_i - [\partial_i, \partial_j] = (\Gamma_{ij}{}^k - \Gamma_{ji}{}^k)\partial_k$$

となるから

$$T_{ij}{}^k = \Gamma_{ij}{}^k - \Gamma_{ji}{}^k \tag{3.18}$$

である．

さて，微小四辺形に沿って接ベクトルを一周させたときのズレとして曲率を幾何学的に解釈できたように，捩率についても幾何学的解釈が可能である．座標近傍 $(U; x^1, \ldots, x^n)$ において，前節に登場した 4 点 A，B，C，D のうちの A，B，D に関連した次の量を考える．

$$\left\{ \varepsilon_i \partial_i(x) + \varepsilon_j \prod_x^{x+\delta_i} \partial_j(x + \delta_i) \right\} - \left\{ \varepsilon_j \partial_j(x) + \varepsilon_i \prod_x^{x+\delta_j} \partial_i(x + \delta_j) \right\} \tag{3.19}$$

この量の意味を考えてみよう．仮に空間 M が Euclid 空間だったとしたら，これは

$$\{\varepsilon_i \partial_i(x) + \varepsilon_j \partial_j(x + \delta_i)\} - \{\varepsilon_j \partial_j(x) + \varepsilon_i \partial_i(x + \delta_j)\}$$

に帰着する．この第 1 項は，まず座標軸 i 方向に微小量 ε_i だけ移動し，引き続き座標軸 j 方向に微小量 ε_j だけ移動する，という点の移動を表していると解釈できる．一方，第 2 項は，まず j 方向に ε_j だけ移動し，引き続き i 方向

に ε_i だけ移動する，という移動を表している．従って ε_i も ε_j も十分小さければ，移動の順番（i 方向が先か j 方向が先か）によらず結果は同じ，つまり $\partial_i(x)$ と $\partial_j(x)$ が張る平行四辺形の対角線方向に移動するものと思われる．要するにこの量は，接ベクトルを点の移動だと見なせる状況において，移動の順番を変えたら結果がどう変わるかを表す量である．しかし，一般の多様体では，接ベクトルを多様体 M 上の点の移動と見なすことなどできない．そこで，すべての接ベクトルを x における接空間 $T_x M$ に移動し，$T_x M$ において平行四辺形の法則が成り立つかどうかをチェックする量が (3.19) である．別の言い方をすれば，i 方向と j 方向の移動の順番を入れ替えたときの結果の違いを，接空間 $T_x M$ における原点の移動先の違いとして調べようというわけである．

では，(3.19) を計算してみよう．まず，定理 3.2.3 より

$$\textstyle\prod_x^{x+\delta_i} \partial_j(x+\delta_i) = \partial_j(x) + \varepsilon_i \Gamma_{ij}{}^k(x)\partial_k(x) + O(\varepsilon_i^2)$$

だから (3.19) の第 1 項は

$$\left\{ \varepsilon_i \partial_i(x) + \varepsilon_j \textstyle\prod_x^{x+\delta_i} \partial_j(x+\delta_i) \right\}$$
$$= \varepsilon_i \partial_i(x) + \varepsilon_j \partial_j(x) + \varepsilon_i \varepsilon_j \Gamma_{ij}{}^k(x)\partial_k(x) + O(\varepsilon^3)$$

となる．一方 (3.19) の第 2 項はこの式で i と j を交換すればよいので，

$$(3.19) = \varepsilon_i \varepsilon_j \left(\Gamma_{ij}{}^k(x) - \Gamma_{ji}{}^k(x) \right) \partial_k(x) + O(\varepsilon^3)$$
$$= \varepsilon_i \varepsilon_j T_{ij}{}^k \partial_k(x) + O(\varepsilon^3)$$
$$= \varepsilon_i \varepsilon_j T(\partial_i, \partial_j) + O(\varepsilon^3)$$

こうして捩率 $T(\partial_i, \partial_j)$ とは，(3.19) が表す原点シフトのズレのうち，微小四辺形 ABCD の "面積" $\varepsilon_i \varepsilon_j$ に比例する主要項を表していることが分かる．

3.5 平坦な多様体とアファイン座標系

多様体が平坦であるということの定義にはいくつか流儀があるが，ここでは次の定義を用いることにする．

定義

アファイン接続 ∇ を持つ多様体 M において，曲率テンソル場 R も捩率テンソル場 T も共に恒等的にゼロとなるとき，M は ∇-**平坦**であるという．

平坦性と強い関連を持つ概念として，アファイン座標系というものがある．

定義

アファイン接続 ∇ を持つ多様体 M の座標近傍 $(U; x^1, \ldots, x^n)$ において，接続係数 $\{\Gamma_{ij}{}^k\}$ がすべて恒等的にゼロとなるとき，$(U; x^1, \ldots, x^n)$ を ∇-**アファイン座標近傍**といい，局所座標系 (x^i) を ∇-**アファイン座標系**という．

曲率 R や捩率 T はテンソル場であるから，それがゼロになるという性質は，局所座標系の取り方によらない幾何学的な性質である（テンソル性により，座標変換してもゼロのままということ）．一方，接続係数はテンソル場ではないから，$\Gamma_{ij}{}^k(p) = 0$ がすべての $p \in U$ で成り立つという性質は，座標系の取り方に依存する性質であることに注意.

定理 3.5.1（局所アファイン座標系の存在）．アファイン接続 ∇ を持つ多様体 M において，次の2条件は同値である．

(i) M は ∇-平坦である．

(ii) M の各点の周りに ∇-アファイン座標近傍が存在する．

証明 接続係数が恒等的にゼロとなる局所座標系があったなら，その座標系に関する曲率および捩率の成分は (3.14) および (3.18) より共にゼロになるので，(ii) $\Rightarrow$ (i) は明らかである．

(i) $\Rightarrow$ (ii) を示そう．接続係数の座標変換則 (3.5) を思い出せば，任意の座標近傍 $(U; x^1, \ldots, x^n)$ に対し，ある座標近傍 $(V; \xi^1, \ldots, \xi^n)$ が存在して，$U \cap V$ で

$$0 = \Gamma_{ab}{}^c = \frac{\partial x^i}{\partial \xi^a} \frac{\partial x^j}{\partial \xi^b} \frac{\partial \xi^c}{\partial x^k} \Gamma_{ij}{}^k + \frac{\partial^2 x^\ell}{\partial \xi^a \partial \xi^b} \frac{\partial \xi^c}{\partial x^\ell} \qquad (\forall a, b, c) \tag{3.20}$$

となることを示せばよい. 恒等式

$$\frac{\partial x^\ell}{\partial \xi^b} \frac{\partial \xi^b}{\partial x^j} = \delta_j^\ell$$

の両辺を x^i で偏微分して

$$\frac{\partial^2 x^\ell}{\partial \xi^a \partial \xi^b} \frac{\partial \xi^a}{\partial x^i} \frac{\partial \xi^b}{\partial x^j} + \frac{\partial x^\ell}{\partial \xi^b} \frac{\partial^2 \xi^b}{\partial x^i \partial x^j} = 0$$

だから, 両辺に Jacobi 行列 $\dfrac{\partial \xi^a}{\partial x^i}$ と $\dfrac{\partial \xi^b}{\partial x^j}$ の逆行列を掛けて

$$\frac{\partial^2 x^\ell}{\partial \xi^a \partial \xi^b} = - \frac{\partial x^i}{\partial \xi^a} \frac{\partial x^j}{\partial \xi^b} \frac{\partial x^\ell}{\partial \xi^d} \frac{\partial^2 \xi^d}{\partial x^i \partial x^j}$$

この式を (3.20) に代入すれば

$$\begin{aligned}
0 &= \frac{\partial x^i}{\partial \xi^a} \frac{\partial x^j}{\partial \xi^b} \frac{\partial \xi^c}{\partial x^k} \Gamma_{ij}{}^k - \left(\frac{\partial x^i}{\partial \xi^a} \frac{\partial x^j}{\partial \xi^b} \frac{\partial x^\ell}{\partial \xi^d} \frac{\partial^2 \xi^d}{\partial x^i \partial x^j} \right) \frac{\partial \xi^c}{\partial x^\ell} \\
&= \frac{\partial x^i}{\partial \xi^a} \frac{\partial x^j}{\partial \xi^b} \frac{\partial \xi^c}{\partial x^k} \Gamma_{ij}{}^k - \frac{\partial x^i}{\partial \xi^a} \frac{\partial x^j}{\partial \xi^b} \delta_d^c \frac{\partial^2 \xi^d}{\partial x^i \partial x^j} \\
&= \frac{\partial x^i}{\partial \xi^a} \frac{\partial x^j}{\partial \xi^b} \left(\frac{\partial \xi^c}{\partial x^k} \Gamma_{ij}{}^k - \frac{\partial^2 \xi^c}{\partial x^i \partial x^j} \right)
\end{aligned}$$

従って (3.20) は次式と同値である.

$$\frac{\partial^2 \xi^c}{\partial x^i \partial x^j} = \frac{\partial \xi^c}{\partial x^k} \Gamma_{ij}{}^k \tag{3.21}$$

あるいはこれを連立方程式の形で書けば

$$\begin{cases} \dfrac{\partial \xi^c}{\partial x^k} = \theta_k^c \\[2ex] \dfrac{\partial \theta_j^c}{\partial x^i} = \theta_k^c \, \Gamma_{ij}{}^k \end{cases} \tag{3.22}$$

この連立偏微分方程式の可積分条件は

$$\begin{cases} \dfrac{\partial^2 \xi^c}{\partial x^i \partial x^j} = \dfrac{\partial^2 \xi^c}{\partial x^j \partial x^i} \\[2ex] \dfrac{\partial^2 \theta_k^c}{\partial x^i \partial x^j} = \dfrac{\partial^2 \theta_k^c}{\partial x^j \partial x^i} \end{cases} \tag{3.23}$$

である. (3.22) を用いて (3.23) の第 1 式を同値変形していくと,

$$\frac{\partial^2 \xi^c}{\partial x^i \partial x^j} = \frac{\partial^2 \xi^c}{\partial x^j \partial x^i} \iff \frac{\partial}{\partial x^i}\theta_j^c = \frac{\partial}{\partial x^j}\theta_i^c$$

$$\iff \theta_k^c \, \Gamma_{ij}{}^k = \theta_k^c \, \Gamma_{ji}{}^k$$

$$\iff \theta_k^c \, T_{ij}{}^k = 0$$

同様に (3.23) の第2式を同値変形していくと,

$$\frac{\partial^2 \theta_k^c}{\partial x^i \partial x^j} = \frac{\partial^2 \theta_k^c}{\partial x^j \partial x^i} \iff \frac{\partial}{\partial x^i}\left(\theta_\ell^c \, \Gamma_{jk}{}^\ell\right) = \frac{\partial}{\partial x^j}\left(\theta_\ell^c \, \Gamma_{ik}{}^\ell\right)$$

$$\iff \left(\theta_m^c \, \Gamma_{i\ell}{}^m\right)\Gamma_{jk}{}^\ell + \theta_\ell^c\left(\partial_i\Gamma_{jk}{}^\ell\right)$$

$$= \left(\theta_m^c \, \Gamma_{j\ell}{}^m\right)\Gamma_{ik}{}^\ell + \theta_\ell^c\left(\partial_j\Gamma_{ik}{}^\ell\right)$$

$$\iff \theta_m^c\left\{\Gamma_{i\ell}{}^m\Gamma_{jk}{}^\ell + \partial_i\Gamma_{jk}{}^m - \Gamma_{j\ell}{}^m\Gamma_{ik}{}^\ell - \partial_j\Gamma_{ik}{}^m\right\} = 0$$

$$\iff \theta_m^c \, R_{ijk}{}^m = 0$$

さて, 仮定より $T = 0$ かつ $R = 0$ であるから, 連立微分方程式 (3.22) は可積分であることが分かる.

　以上をまとめると, 任意に固定した $p \in U$ における初期条件 $(\xi^c)_p, (\partial_i\xi^c)_p$ を任意に与えると, これを満たす (3.21) の解 (ξ^c) が p の近傍に存在する. よって特に初期条件を $\det(\partial_i\xi^c)_p \neq 0$ にとっておけば, 逆写像定理より (ξ^c) は p の近傍で局所座標系をなす. 以上から, U の各点 p の周りにある座標近傍 $(V; \xi^1, \ldots, \xi^n)$ が存在して (3.20) が成立する. $\square$

定理 3.5.2（アファイン座標系の自由度）. 多様体 M に座標近傍 $(U; x^i)$ と $(V; \xi^a)$ があって, (x^i) は局所 ∇-アファイン座標系だったとする. このとき, $U \cap V$ において (ξ^a) も局所 ∇-アファイン座標系となるための必要十分条件は, 座標変換 $(x^i) \mapsto (\xi^a)$ がアファイン変換で書けること, すなわちある正則な $n \times n$ 行列 A と $\boldsymbol{b} \in \mathbb{R}^n$ が存在して

$$\begin{bmatrix} \xi^1 \\ \vdots \\ \xi^n \end{bmatrix} = A \begin{bmatrix} x^1 \\ \vdots \\ x^n \end{bmatrix} + \boldsymbol{b} \tag{3.24}$$

となることである.

証明　接続係数の座標変換則 (3.5)，すなわち

$$\Gamma_{ij}{}^k = \frac{\partial \xi^a}{\partial x^i} \frac{\partial \xi^b}{\partial x^j} \frac{\partial x^k}{\partial \xi^c} \Gamma_{ab}{}^c + \frac{\partial^2 \xi^c}{\partial x^i \partial x^j} \frac{\partial x^k}{\partial \xi^c}$$

において，$\Gamma_{ij}{}^k = 0$ であるという条件のもとで $\Gamma_{ab}{}^c = 0$ となるための必要十分条件は

$$\frac{\partial^2 \xi^c}{\partial x^i \partial x^j} = 0$$

であり，これは (3.24) と同値である．またこのとき，A は座標変換の Jacobi 行列なので，特に正則となる．　　　　　　　　　　　　　　　　　　□

3.6　Riemann 接続

多様体 M の $(0,2)$ 型テンソル場 g であって，各点 $p \in M$ で g_p が $T_p M$ の内積となっているものを Riemann 計量といい，Riemann 計量 g が与えられた多様体 M のことを Riemann 多様体といった（例 2.5.1）．以下では Riemann 多様体を (M, g) で表す．

> **定義**
>
> Riemann 多様体 (M, g) の各座標近傍 $(U; x^1, \ldots, x^n)$ において
>
> $$\Gamma_{ij,k} := \Gamma_{ij}{}^\ell g_{\ell k} := \frac{1}{2} \left(\partial_i g_{jk} + \partial_j g_{ki} - \partial_k g_{ij} \right) \tag{3.25}$$
>
> で定まる M のアファイン接続を **Riemann 接続** または **Levi-Civita 接続** という．また，この接続が定める M 上の平行移動を **Levi-Civita 平行移動** という．

各座標近傍において (3.25) で定義された関数の組 $\{\Gamma_{ij}{}^\ell\}$ がアファイン接続を定めること，すなわち座標変換則 (3.5) を満たすことを証明するのは，読者の演習問題とする．

ここで関係式 $\Gamma_{ij,k} = \Gamma_{ij}{}^\ell g_{\ell k}$ について補足しておく．左辺の量 $\Gamma_{ij,k}$ は，実は接ベクトル $\nabla_{\partial_i} \partial_j$ と ∂_k の内積

$$\Gamma_{ij,k} := g \left(\nabla_{\partial_i} \partial_j, \partial_k \right)$$

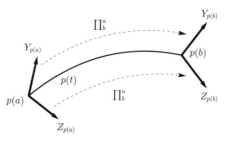

図 3.4　Riemann 接続の計量性

である．実際，右辺を計算してみると，

$$g\left(\nabla_{\partial_i}\partial_j, \partial_k\right) = g\left(\Gamma_{ij}{}^\ell \partial_\ell, \partial_k\right) = \Gamma_{ij}{}^\ell g\left(\partial_\ell, \partial_k\right) = \Gamma_{ij}{}^\ell g_{\ell k}$$

となって，上記定義と一致する．ところで g は正定値なので，g_{ij} は正則行列
である．そして，計量行列 g_{ij} の逆行列は通常 g^{ij} と書かれる．すなわち

$$g_{ij}g^{jk} = \delta_i{}^k$$

である．従って機械的計算によって

$$\Gamma_{ij,k}g^{km} = \Gamma_{ij}{}^\ell g_{\ell k}g^{km} = \Gamma_{ij}{}^\ell \delta_\ell{}^m = \Gamma_{ij}{}^m$$

という具合に接続係数 $\Gamma_{ij}{}^m$ が再現される．要するに，計量行列 g_{ij} やその逆
行列 g^{ij} を使って，添字を自由に上げ下げできるのである．こうして，$\Gamma_{ij,k}$
と $\Gamma_{ij}{}^k$ の情報は同等であることが分かった．

さて，Riemann 計量は次の著しい性質を持つ（図 3.4）．

定理 3.6.1（平行移動に関する内積の不変性）．滑らかな曲線 $C = \{p(t); a \leq t \leq b\}$ に沿った Levi-Civita 平行移動を $\prod_b^a$ と書くと，任意の $\boldsymbol{v}, \boldsymbol{w} \in T_{p(a)}M$ に対し

$$g_{p(b)}\left(\textstyle\prod_b^a \boldsymbol{v}, \prod_b^a \boldsymbol{w}\right) = g_{p(a)}\left(\boldsymbol{v}, \boldsymbol{w}\right)$$

すなわち，$\boldsymbol{v}$ と $\boldsymbol{w}$ の内積は Levi-Civita 平行移動しても不変である．

証明　C に沿って平行な 2 つのベクトル場 $Y = \{Y_{p(t)}\}$，$Z = \{Z_{p(t)}\}$ に対

し，内積 $g_{p(t)}\left(Y_{p(t)}, Z_{p(t)}\right)$ が不変であること，すなわち

$$\frac{d}{dt}\, g_{p(t)}\left(Y_{p(t)}, Z_{p(t)}\right) = 0$$

であることを示せば十分である．局所座標系 (x^i) を用いて Y, Z を

$$Y_{p(t)} = Y^i(t)\,(\partial_i)_{p(t)}, \qquad Z_{p(t)} = Z^j(t)\,(\partial_j)_{p(t)}$$

と成分表示すると，

$$\begin{aligned}
\frac{d}{dt}\, g_{p(t)}\left(Y_{p(t)}, Z_{p(t)}\right) &= \frac{d}{dt}\left[g_{ij}(p(t))\,Y^i(t)Z^j(t)\right]\\
&= (\partial_k g_{ij})\,\dot{x}^k Y^i Z^j + g_{ij}\left(\dot{Y}^i Z^j + Y^i \dot{Z}^j\right)
\end{aligned} \tag{3.26}$$

ここで Y, Z は C に沿って平行と仮定しているから，(3.9) より

$$\dot{Y}^i = -\Gamma_{k\ell}{}^i\,\dot{x}^k Y^\ell, \qquad \dot{Z}^j = -\Gamma_{k\ell}{}^j\,\dot{x}^k Z^\ell$$

を満たす，これらを上式に代入して整理すると，

$$(3.26) = (\partial_k g_{ij} - \Gamma_{ki,j} - \Gamma_{kj,i})\,\dot{x}^k Y^i Z^j = 0$$

を得る．ここで最後の等号では，接続係数の定義式 (3.25) と，対称性 $g_{ij} = g_{ji}$ を用いた．　　　□

　一般に，アファイン接続 ∇ を持つ Riemann 多様体 (M, g) において，定理 3.6.1 のように「計量が平行移動で保たれる」という性質が満たされるとき，接続 ∇ は**計量的**であるという．上の証明から分かるように，接続 ∇ が計量的であるための必要十分条件は

$$\partial_k g_{ij} = \Gamma_{ki,j} + \Gamma_{kj,i} \qquad (\forall i, j, k) \tag{3.27}$$

であり，これを座標系によらない形で書けば

$$Xg(Y, Z) = g(\nabla_X Y, Z) + g(Y, \nabla_X Z) \qquad (X, Y, Z \in \mathcal{X}(M)) \tag{3.28}$$

となる．

　定理 3.6.1 は，Riemann 接続が計量的であることを主張するものである．しかも Riemann 接続は，その定義から，対称性 $\Gamma_{ij,k} = \Gamma_{ji,k}$，従って $\Gamma_{ij}{}^k =$

$\Gamma_{ji}{}^k$ を満たしている．捩率テンソルの成分は $T_{ij}{}^k = \Gamma_{ij}{}^k - \Gamma_{ji}{}^k$ で与えられたから，後者は Riemann 接続の捩率がゼロと言い換えることもできる．実は Riemann 接続は，この 2 つの条件だけから特徴づけられてしまうのである．

定理 3.6.2（Riemann 接続の特徴づけ）．Riemann 多様体 (M, g) のアファイン接続 ∇ が Riemann 接続であるための必要十分条件は，∇ が計量的であって，かつ捩率 T がゼロとなることである．

証明　必要性は上で説明した．十分性は，計量性の条件 (3.27) のインデックスを巡回的に入れ替えて作った 3 つの式

$$\partial_i g_{jk} = \Gamma_{ij,k} + \Gamma_{ik,j}$$

$$\partial_j g_{ki} = \Gamma_{jk,i} + \Gamma_{ji,k}$$

$$\partial_k g_{ij} = \Gamma_{ki,j} + \Gamma_{kj,i}$$

を用い，さらに接続の対称性 $\Gamma_{ij,k} = \Gamma_{ji,k}$ に気をつければ

$$\partial_i g_{jk} + \partial_j g_{ki} - \partial_k g_{ij} = (\Gamma_{ij,k} + \Gamma_{ji,k}) + (\Gamma_{ik,j} - \Gamma_{ki,j}) + (\Gamma_{jk,i} - \Gamma_{kj,i})$$

$$= 2\Gamma_{ij,k}$$

となって Riemann 接続の定義式 (3.25) が再現される[9]．　　　　　　　　□

3.7　部分多様体

多様体の部分集合であって，それ自身も多様体となっているような幾何学的対象を考えたい．

---

[9]Riemann 接続 ∇ を座標系に依存しない形で表すと次のようになる．

$$g(\nabla_X Y, Z) = \frac{1}{2}\{Xg(Y, Z) + Yg(Z, X) - Zg(X, Y)$$
$$- g(X, [Y, Z]) + g(Y, [Z, X]) + g(Z, [X, Y])\}$$

実際，計量性 (3.28) と捩率条件 $T(X, Y) = \nabla_X Y - \nabla_Y X - [X, Y] = 0$ を用いて両辺が一致することを確認するのは簡単な演習問題である．

定義

　自然数 m, n は $m < n$ を満たしているとする．n 次元多様体 N の部分集合 M が N の m 次元**部分多様体**であるとは，M の任意の点 p の周りに，N のある座標近傍 $(U; x^1, \ldots, x^n)$ がとれて，$M \cap U$ では $x^{m+1} = \cdots = x^n = 0$ となることである．

　要するに，局所座標系をうまく選べば $(x^1, \ldots, x^m, 0, \ldots, 0)$ と表せるような N の点の集合が部分多様体である．例えば $N = \mathbb{R}^2$ を自然な 2 次元多様体と見なすとき，N の部分集合 M である $y = x^2$ のグラフ

$$M = \{(x, y) \in \mathbb{R}^2 \,;\, y = x^2\}$$

は N の 1 次元部分多様体である．実際，N の標準的座標系 (x, y) に対し，

$$\begin{cases} \xi = x \\ \eta = y - x^2 \end{cases}$$

で定まる写像 $\varphi : (x, y) \mapsto (\xi, \eta)$ を考えると，その Jacobi 行列

$$\begin{bmatrix} \dfrac{\partial \xi}{\partial x} & \dfrac{\partial \xi}{\partial y} \\ \dfrac{\partial \eta}{\partial x} & \dfrac{\partial \eta}{\partial y} \end{bmatrix} = \begin{bmatrix} 1 & 0 \\ -2x & 1 \end{bmatrix}$$

の行列式は 1 であるから，逆写像定理により (ξ, η) は N の（局所）座標系である．そして部分集合 M 上では確かに $\eta = 0$ となっている．別の例として，$N = \mathbb{R}^3$ の部分集合である単位球面

$$M = \{(x, y, z) \in \mathbb{R}^3 \,;\, x^2 + y^2 + z^2 = 1\}$$

が N の部分多様体であることも全く同様に証明できる（ただし，今度は座標近傍を複数枚用意しなければならないが）．証明は読者の演習問題とする．

　さて，部分多様体と命名する以上，それ自身，多様体の構造を持っているべきであるが，それは大丈夫である．なぜなら，M の点を局所的に $(x^1, \ldots, x^m, 0, \ldots, 0)$ の形に表す N の各座標近傍 $(U; x^1, \ldots, x^m, x^{m+1}, \ldots, x^n)$ において，$U \cap M$ の各点 $(x^1, \ldots, x^m, 0, \ldots, 0)$ を $\mathbb{R}^m$ の点 $(x^1, \ldots, x^m)$ に対応づ

けるようにすれば，M の座標近傍 $(U \cap M; x^1, \ldots, x^m)$ が構成できる．すなわち，N の C^∞ 級多様体構造から M の C^∞ 級多様体構造が自然に誘導されるのである．通常，部分多様体を語る際には，この多様体構造が入っているものと見なす．

　さらに，N が Riemann 多様体であった場合，N の計量 g から M の計量 $\tilde{g}$ が

$$\tilde{g}_p(\boldsymbol{v}, \boldsymbol{w}) := g_p(\boldsymbol{v}, \boldsymbol{w}) \qquad (\boldsymbol{v}, \boldsymbol{w} \in T_p M)$$

によって自然に誘導される．$T_p M \subset T_p N$ と見なされるからである．

　では，接続はどうであろうか？　外側の多様体 N にはアフィン接続 ∇ が入っているものとする．M のベクトル場 $X, Y \in \mathcal{X}(M)$ は自然に N の（M に沿った）ベクトル場と見なせるので，外側の世界 N での接続 ∇ を使って

$$\nabla_X Y$$

を "計算" することはできる．しかし N の接続 ∇ を用いている以上，各点 $p \in M$ で $(\nabla_X Y)_p$ は N の接ベクトルにはなるが，M の接ベクトルになるとは限らない．とんでもない方向を向いているかもしれないのである．このように，$\nabla_X Y$ は必ずしも M のベクトル場にはならないので，部分多様体 M 上に自然に接続を誘導することができない．どうしたらよいだろうか？

　1つの考え方として，各点 $p \in M$ において射影 $\pi : T_p N \to T_p M$ を適当に定め，これを用いて

$$(\tilde{\nabla}_X Y)_p := \pi \left((\nabla_X Y)_p \right)$$

という具合に M 上のアフィン接続 $\tilde{\nabla}$ を定義することは可能である．$\tilde{\nabla}$ が共変微分の公理を満たすことは容易にチェックできる．では，どのような射影 π を選ぶべきであろうか？　いろいろな考え方はあるだろうが，外側の多様体 N が Riemann 多様体の場合には，計量 g を介して射影するのが標準的である．すなわち

$$\tilde{g}(\tilde{\nabla}_X Y, Z) := g(\nabla_X Y, Z) \qquad (\forall Z \in \mathcal{X}(M))$$

で M の接続 $\tilde{\nabla}$ を定義する．以下，Riemann 多様体を扱う場合は，常にこの

射影を用いることとする.

　さて，上で X, Y が M のベクトル場であったとしても $\nabla_X Y$ は必ずしも M のベクトル場にならないと述べた．もし任意の $X, Y \in \mathcal{X}(M)$ に対し $\nabla_X Y$ も M のベクトル場になっていたとしたら，それは M の接続構造が N から自然に誘導できることを意味する．一般の部分多様体ではこのようなことは起こらない．そこで，そのような良い性質を持つ部分多様体に名前をつけておこう.

> **定義**
>
> 　N をアファイン接続 ∇ を持つ多様体，M を N の部分多様体とする．任意の $p \in M$ と $X, Y \in \mathcal{X}(M)$ に対し
>
> $$(\nabla_X Y)_p \in T_p M$$
>
> となるとき，M は接続 ∇ に関する N の**自己平行**部分多様体であるという.

ついでながら，これと関連の深い次の概念も導入しておこう.

> **定義**
>
> 　N をアファイン接続 ∇ を持つ多様体，M を N の部分多様体とする．任意の点 $p \in M$，および $p(0) = p$ かつ $\dot{p}(0) \in T_p M$ を満たす N の任意の ∇-測地線 $p(t)$ が，十分小さなすべての t に対して $p(t) \in M$ となるとき，M は接続 ∇ に関する N の**全測地的**部分多様体であるという.

　部分多様体 M が全測地的であるとは，要するに $p \in M$ を通り，p で M に接する "N の" 測地線が，いつまでも "M の" 中に留まっているということである.

　さて，部分多様体が自己平行であることと全測地的であることの間には微妙な違いがある．このことについて調べてみよう.

> **定理 3.7.1.** N をアファイン接続 ∇ を持つ多様体，M を N の部分多様体とする．M が自己平行であるなら，M は全測地的である.

証明　M が自己平行であることは，M を局所的に $(x^1, \ldots, x^m, 0, \ldots, 0)$ と表す N の座標近傍 $(U; x^1, \ldots, x^m, x^{m+1}, \ldots, x^n)$ に関する接続係数 $\Gamma_{ij}{}^k$ が，すべての $1 \leq i, j \leq m$ と $m+1 \leq k \leq n$ に対して M 上で $\Gamma_{ij}{}^k = 0$ となることと同値である．従って，初期条件

$$x^k(0) = \dot{x}^k(0) = 0 \qquad (m+1 \leq k \leq n) \tag{3.29}$$

のもとでの N の測地線の方程式 (3.10)，すなわち

$$\ddot{x}^k(t) + \Gamma_{ij}{}^k(p(t))\,\dot{x}^i(t)\dot{x}^j(t) = 0 \tag{3.30}$$

の解は，すべての t に対して

$$x^k(t) = 0 \qquad (m+1 \leq k \leq n) \tag{3.31}$$

を満たす．これは測地線が M 上を走っていることを意味する．

(3.31) は次のように証明できる．(3.30) のインデックスを $1 \leq i, j, k \leq m$ に制限した方程式

$$\ddot{x}^k(t) + \sum_{i,j=1}^{m} \Gamma_{ij}{}^k(p(t))\,\dot{x}^i(t)\dot{x}^j(t) = 0 \qquad (1 \leq k \leq m)$$

は，任意の初期条件 $\{(x^i(0), \dot{x}^i(0))\}_{1 \leq i \leq m}$ に対して一意的な解 $(x^1(t), \ldots, x^m(t))$ を持つが，この解と (3.31) を合わせた関数 $(x^1(t), \ldots, x^m(t), 0, \ldots, 0)$ は初期条件 (3.29) を満たす (3.30) の解になっている．従って常微分方程式 (3.30) の解の一意性により，(3.29) のもとでの (3.30) の解は (3.31) を満たす．　　　□

定理 3.7.1 の逆は一般に成り立たないが，N の捩率がゼロである場合には逆が成立する．すなわち

> **定理 3.7.2.** N をアフィン接続 ∇ を持つ多様体，M を N の部分多様体とする．N の捩率がゼロ，かつ M が全測地的であるなら，M は自己平行である．

証明 定理 3.7.1 の証明と同様に，M を局所的に $(x^1, \ldots, x^m, 0, \ldots, 0)$ と表す N の座標近傍 $(U; x^1, \ldots, x^m, x^{m+1}, \ldots, x^n)$ を用いて証明する．M が全測地的であることから，$p \in M$ を通り，$\dot{p}(0) \in T_p M$ を満たす N の測地線は，すべての t に対して恒等的に

$$x^k(t) \equiv 0 \qquad (m+1 \leq k \leq n) \tag{3.32}$$

となる．従って $m+1 \leq k \leq n$ に対して $\ddot{x}^k(t) \equiv 0$ であるから，測地線の方程式 (3.30) から

$$\Gamma_{ij}{}^k(p(t))\, \dot{x}^i(t) \dot{x}^j(t) \equiv 0 \qquad (m+1 \leq k \leq n)$$

となる．しかも (3.32) より，i, j に関する和の範囲を $1 \leq i, j \leq m$ に制限しても上式が成り立つ．従って特に $t=0$ において

$$\sum_{i,j=1}^m \Gamma_{ij}{}^k(p(0))\, \dot{x}^i(0) \dot{x}^j(0) = 0 \qquad (m+1 \leq k \leq n)$$

これが任意の $p = p(0)$ および 任意の $\{\dot{x}^i(0)\}_{1 \leq i \leq m}$ で成り立つので，

$$\Gamma_{ij}{}^k(p) + \Gamma_{ji}{}^k(p) = 0 \qquad (1 \leq i, j \leq m,\ m+1 \leq k \leq n)$$

さらに捩率がゼロであることから $\Gamma_{ij}{}^k(p) = \Gamma_{ji}{}^k(p)$ であるので，結局すべての $p \in M$ で

$$\Gamma_{ij}{}^k(p) = 0 \qquad (1 \leq i, j \leq m,\ m+1 \leq k \leq n)$$

を得る．これは M が自己平行であることを意味している． □

　証明中で，捩率がゼロという条件がどこで使われているかを認識することは重要である．測地線の方程式（従って測地線）は，接続係数 $\Gamma_{ij}{}^k$ の i と j に関する非対称性を感知しないのである．

　最後に，N が ∇-平坦であるとき，N の部分多様体 M が自己平行となるための条件が，N のアフィン座標系を用いて簡単に書けることを示そう．後の章での応用を念頭に，ここでは N が大域的なアフィン座標系を持つ場合のみを扱うことにする．

定理 3.7.3. N をアファイン接続 ∇ に関して平坦な n 次元多様体とし，そのアファイン座標系 $(x^i)_{1 \le i \le n}$ を任意に固定する．N の m 次元部分多様体 M が自己平行となるための必要十分条件は，M が N のアファイン座標系 $(x^i)_{1 \le i \le n}$ のアファイン部分空間（の開部分集合）に対応すること，すなわち，M のある局所座標系 $(\xi^a)_{1 \le a \le m}$ と，$\mathrm{rank}\, A = m$ なる $n \times m$ 行列 A，および $\boldsymbol{b} \in \mathbb{R}^n$ が存在して次式のようになることである．

$$
\begin{bmatrix} x^1 \\ \vdots \\ x^m \\ x^{m+1} \\ \vdots \\ x^n \end{bmatrix} = A \begin{bmatrix} \xi^1 \\ \vdots \\ \xi^m \end{bmatrix} + \boldsymbol{b} \tag{3.33}
$$

証明 まず必要性を示す．M が自己平行なら，M に誘導された接続 $\tilde{\nabla}$ の曲率も捩率もゼロとなるので，M 自身，$\tilde{\nabla}$-アファイン座標系を持つ．それを $(\xi^a)_{1 \le a \le m}$ とすると，M 上で $(x^i)_{1 \le i \le n}$ は $(\xi^a)_{1 \le a \le m}$ の関数である．そして

$$
0 = \tilde{\nabla}_{\partial_a} \partial_b = \nabla_{\partial_a} \partial_b = \left(\frac{\partial x^i}{\partial \xi^a} \frac{\partial x^j}{\partial \xi^b} \Gamma_{ij}{}^k + \frac{\partial^2 x^k}{\partial \xi^a \partial \xi^b} \right) \partial_k
$$

であるが，$(x^i)_{1 \le i \le n}$ は N の ∇-アファイン座標系であったから $\Gamma_{ij}{}^k = 0$ を満たすので，結局

$$
\frac{\partial^2 x^k}{\partial \xi^a \partial \xi^b} = 0 \qquad (1 \le a, b \le m,\ 1 \le k \le n) \tag{3.34}
$$

が結論される．そして，これを積分すれば (3.33) を得る．

十分性を示す．$\Gamma_{ij}{}^k = 0$ であり，かつ (3.33) より (3.34) が成り立つので，

$$
\nabla_{\partial_a} \partial_b = \left(\frac{\partial x^i}{\partial \xi^a} \frac{\partial x^j}{\partial \xi^b} \Gamma_{ij}{}^k + \frac{\partial^2 x^k}{\partial \xi^a \partial \xi^b} \right) \partial_k = 0 \qquad (\forall a, b)
$$

よって特にすべての $p \in M$ で $(\nabla_{\partial_a} \partial_b)_p \in T_p M$ となるので，M は自己平行である．なお，このとき，座標系 $(\xi^a)_{1 \le a \le m}$ は自動的に $\tilde{\nabla}$-アファイン座標系となる． $\square$

第4章

双対アファイン接続の幾何

いよいよ情報幾何学の核心となる考え方を説明しよう．情報幾何学とは（狭い意味では）本章で説明する双対アファイン接続の微分幾何学のことである．研究者の想像力をかき立てる「情報幾何学」という卓越した命名も相俟って，双対アファイン接続構造とは関係のない研究も情報幾何学というキーワードのもとで語られることもあるし，そうした間口の広さが研究者の層を厚くし，当該分野の活況を支えていることもまた事実である．しかし本書では，創始者の方々に対する敬意を込めて，あくまで狭い意味での情報幾何学を展開しようと思う．

4.1 双対アファイン接続

> **定義**
>
> アファイン接続 ∇ を持つ Riemann 多様体 (M, g) において
>
> $$Xg(Y, Z) = g(\nabla_X Y, Z) + g(Y, \nabla_X^* Z) \qquad (X, Y, Z \in \mathcal{X}(M)) \tag{4.1}$$
>
> で定義されるアファイン接続 ∇^* を計量 g に関する ∇ の**双対アファイン接続**という．

要請 (4.1) から写像 ∇^* が一意に定まることは，Riemann 計量 g が持つ次

の性質

$$\text{すべての } Y \in \mathcal{X}(M) \text{ に対して } g(Y, Z) = 0 \implies Z = 0$$

から分かる．また ∇^* が共変微分の公理を満たすことは

$$
\begin{aligned}
g(Y, \nabla_X^*(fZ)) &= Xg(Y, fZ) - g(\nabla_X Y, fZ) \\
&= (Xf)g(Y, Z) + fXg(Y, Z) - fg(\nabla_X Y, Z) \\
&= (Xf)g(Y, Z) + fg(Y, \nabla_X^* Z) \\
&= g(Y, (Xf)Z + f\nabla_X^* Z)
\end{aligned}
$$

などより分かる．

> **定義**
>
> Riemann 多様体 (M, g) において，計量 g に関する双対性 (4.1) を満たすアファイン接続のペア (∇, ∇^*) が与えられたとき，3 つ組 (g, ∇, ∇^*) を M の **双対構造** という．

双対アファイン接続に関する基本性質を以下に列記する．まず

$$(\nabla^*)^* = \nabla$$

が成り立つ．これは双対接続の一意性から明らかであろう．次に定理 3.6.2 より

$$\nabla \text{ が Riemann 接続} \iff \nabla = \nabla^* \text{ かつ捩率がゼロ}$$

が成り立つ．実際，(4.1) と (3.28) を見比べれば，$\nabla = \nabla^*$ とは ∇ が計量的であることに他ならないからである．逆に言えば，∇ も ∇^* も一般には計量的でない．しかし，これらを平均した接続

$$\overline{\nabla} := \frac{\nabla + \nabla^*}{2}$$

は常に計量的となる．実際，$g(Y, Z) = g(Z, Y)$ であることに気をつければ，

$$Xg(Y, Z) = g(\nabla_X Y, Z) + g(Y, \nabla_X^* Z)$$

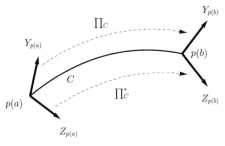

図 4.1　接続の双対性

および

$$Xg(Z,Y) = g(\nabla_X Z, Y) + g(Z, \nabla_X^* Y)$$

の辺々を足して 2 で割って

$$Xg(Y,Z) = g(\overline{\nabla}_X Y, Z) + g(Y, \overline{\nabla}_X Z)$$

を得る．さて，一般に ∇ も ∇^* も計量的でないということは，Riemann 接続が有していた平行移動で内積が保存されるという性質（定理 3.6.1）が成り立たないことを意味する．しかし，双対接続の定義 (4.1) が計量的な接続の条件 (3.28) に似ていることから，何らかの形で定理 3.6.1 が拡張できるのではないかと予感させる．それを実現したのが次の定理である（図 4.1）．

定理 4.1.1（双対平行移動に関する内積の不変性）．滑らかな曲線 $C = \{p(t); a \le t \le b\}$ に沿った ∇ および ∇^* に関する平行移動をそれぞれ $\prod_C$ と $\prod_C^*$ と書くと，任意の $\boldsymbol{v}, \boldsymbol{w} \in T_{p(a)}M$ に対し

$$g_{p(b)} \left(\prod_C \boldsymbol{v}, \prod_C^* \boldsymbol{w} \right) = g_{p(a)} (\boldsymbol{v}, \boldsymbol{w}) \tag{4.2}$$

すなわち，2 つの接ベクトルのうち，一方を ∇ に関して平行移動し，他方を ∇^* に関して平行移動するならば，内積は保存される．

証明　類似の定理 3.6.1 は局所座標系を用いて証明したので，ここでは座標系を用いないで証明してみよう．C に沿って ∇-平行なベクトル場を Y，∇^*-平行なベクトル場を Z とする．さて，曲線 C に沿って微分するとは，(3.7)

に対応する C に沿ったベクトル場 $\dfrac{d}{dt}$ を作用させることに他ならない．そして平行性は $\nabla_{\frac{d}{dt}} Y = 0$ および $\nabla^*_{\frac{d}{dt}} Z = 0$ と表せるので，(4.1) より

$$\frac{d}{dt} g(Y, Z) = g\left(\nabla_{\frac{d}{dt}} Y, Z\right) + g\left(Y, \nabla^*_{\frac{d}{dt}} Z\right) = 0$$

が得られ，従って $g(Y, Z)$ が定数関数であることが分かる． $\square$

さて，定理 4.1.1 において，C の始点と終点が一致して閉曲線をなしている状況を考えてみよう．多様体 M の ∇-曲率 R は一般にゼロではないので，v と $\prod_C v$ は一致しない．しかし，もし $R = 0$ なら，（局所的な）任意の閉曲線 C と任意の v に対し $v = \prod_C v$ となるから，(4.2) より

$$g_{p(a)}\left(v, w\right) = g_{p(a)}\left(v, \prod_C^* w\right)$$

が得られ，これが任意の v で成立することから

$$w = \prod_C^* w$$

となり，さらにこれが任意の w と閉曲線 C で成立することから，∇^*-曲率 R^* もゼロとなることが結論される．これを定理の形で述べておこう．

定理 4.1.2. ∇-曲率 R がゼロであることと ∇^*-曲率 R^* がゼロであることとは同値である．

証明　改めて厳密な証明を与えておこう．恒等式

$$[X, Y] g(Z, W) = XY g(Z, W) - YX g(Z, W)$$

において

$$左辺 = g(\nabla_{[X,Y]} Z, W) + g(Z, \nabla^*_{[X,Y]} W)$$

一方

$$右辺 = \{ g(\nabla_X \nabla_Y Z, W) + g(\nabla_Y Z, \nabla^*_X W) + g(\nabla_X Z, \nabla^*_Y W)$$
$$+ g(Z, \nabla^*_X \nabla^*_Y W) \}$$

$$- \{g(\nabla_Y \nabla_X Z, W) + g(\nabla_X Z, \nabla_Y^* W) + g(\nabla_Y Z, \nabla_X^* W)$$
$$+ g(Z, \nabla_Y^* \nabla_X^* W)\}$$
$$= g([\nabla_X, \nabla_Y]Z, W) + g(Z, [\nabla_X^*, \nabla_Y^*]W)$$

となるので,

$$g(R(X,Y,Z),W) = -g(Z, R^*(X,Y,W))$$

を得る. これより $R = 0 \Leftrightarrow R^* = 0$ が直ちに結論される. □

　互いに双対な曲率 R と R^* に関して，このような単純な関係が成り立つので，互いに双対な捩率 T と T^* にも対応する性質が成り立つことが期待される．しかし，残念なことに（面白いことに？）これは成り立たない．もう少し説明するために，次の量を導入しよう

$$(\nabla g)(X,Y,Z) := Xg(Y,Z) - g(\nabla_X Y, Z) - g(Y, \nabla_X Z)$$

これは接続 ∇ が「どのくらい計量的でないか」を計るテンソル量である[1]．このとき次の定理が成り立つ.

定理 4.1.3. ∇ および ∇^* を互いに双対な接続とする．次の 4 条件のうち，任意の 2 条件を仮定すると，残りの 2 条件が成立する.
 (i) ∇ の捩率はゼロである.
 (ii) ∇^* の捩率はゼロである.
(iii) $(\nabla g)(X,Y,Z)$ は X,Y,Z に関して対称である.
(iv) $\overline{\nabla} := \dfrac{\nabla + \nabla^*}{2}$ は Riemann 接続である.

　証明　$(\nabla g)(X,Y,Z)$ が Y と Z に関して対称であることは定義から明らかなので，(iii) で本質的なのは X と Y に関する対称性である．そして

$$(\nabla g)(X,Y,Z) = g(\nabla_X^* Y, Z) - g(\nabla_X Y, Z)$$

[1]計量 g の共変微分とよばれる量であるが，詳しい説明はここでは省略する.

と書き直せることに注意すれば，

$$
\begin{aligned}
(\nabla g)&(X,Y,Z) - (\nabla g)(Y,X,Z)\\
&= g(\nabla_X^* Y - \nabla_Y^* X, Z) - g(\nabla_X Y - \nabla_Y X, Z)\\
&= g(T^*(X,Y),Z) - g(T(X,Y),Z)
\end{aligned}
\tag{4.3}
$$

という恒等式が得られる．

　そこでまず (i), (ii) を仮定すると，(4.3) から直ちに (iii) 得られ，また $\overline{\nabla}$ は常に計量的で，かつ仮定より捩率ゼロとなることから，定理 3.6.2 より (iv) が得られる．

　次に (i), (iii) を仮定すると，再び (4.3) から直ちに (ii) 得られ，従って上と同じ論法で (iv) が得られる．(ii), (iii) を仮定した場合も全く同様である．

　今度は (i), (iv) を仮定すると，$\nabla^* = 2\overline{\nabla} - \nabla$ より (ii) が得られ，従って (iii) が得られる．(ii), (iv) を仮定した場合も同様である．

　最後に (iii), (iv) を仮定する．まず (iii) と (4.3) から

$$
g(T^*(X,Y) - T(X,Y), Z) = 0
$$

を得る．一方，$\overline{\nabla}$ の捩率は $\frac{1}{2}(T + T^*)$ であるから，(iv) より

$$
g(T^*(X,Y) + T(X,Y), Z) = 0
$$

も得られる．この2式から $T(X,Y) = T^*(X,Y) = 0$ が結論される．　　　□

4.2　双対平坦な多様体の幾何

　我々は第1章で Euclid 空間の幾何を扱った．Euclid 空間は，Euclid 計量（内積）から定まる Riemann 接続に関して平坦な Riemann 多様体となっている．これを拡張し，一般の多様体上に Riemann 計量 g を導入し，そこから誘導される Riemann 接続 ∇ に関して必ずしも平坦とはならない空間構造を研究する分野が Riemann 幾何学である（表 4.1）．

　前節では，さらにこの視点を拡張し，接続の計量性を一般化した双対構造 (g, ∇, ∇^*) を導入した．この流れに沿って双対幾何の一般論（表 4.1 の "未開の地" の部分）を展開していきたいところなのだが，残念ながら一般論と言え

表 4.1　双対平坦多様体の位置づけ

	計量 g（+ Riemann 接続）	双対構造 (g, ∇, ∇^*)
平　坦	Euclid 幾何	双対平坦空間の幾何
非平坦	Riemann 幾何	"未開の地"

る理論体系は必ずしも十分には発展していない．しかし，Euclid 幾何に対応する平坦な構造を双対構造に拡張した理論（表 4.1 の "双対平坦空間の幾何" の部分）は極めて整備されており，様々な分野における応用も数多くあるので，本節ではその説明を行おう．

アファイン接続 ∇ を持つ多様体 M が平坦であるとは，∇ の曲率も捩率も共にゼロとなることであった．この概念を双対構造を持つ多様体に拡張したものが双対平坦性である．

定義

双対構造 (g, ∇, ∇^*) を持つ多様体 M において，∇ に関する曲率 R も捩率 T も共にゼロとなり，かつ ∇^* に関する曲率 R^* も捩率 T^* も共にゼロとなるとき，M は**双対平坦**であるいう．

定理 4.1.2 より $R = 0$ と $R^* = 0$ は同値であったから，上記定義は冗長であるが，分かりやすさを優先してこのような定義とした．

さて，定理 3.5.1 より，平坦な多様体上には局所アファイン座標系が存在した．ここでは 2 つの接続に関して同時に平坦な多様体を考えているので，局所アファイン座標系もそれぞれの接続ごとに 2 種類存在することになる．そこで $(U; x^1, \ldots, x^n)$ を ∇ に関するアファイン座標近傍，$(V; y^1, \ldots, y^n)$ を ∇^* に関するアファイン座標近傍とする．ところで定理 3.5.2 で見たように，アファイン座標系はアファイン変換の自由度だけの任意性を有していた．この自由度を利用すると，次の事実が証明できる．

定理 4.2.1. 双対構造 (g, ∇, ∇^*) に関して双対平坦な多様体 M では，各点の周りで

$$g\left(\frac{\partial}{\partial x^i}, \frac{\partial}{\partial y^j}\right) = \delta_{ij} \tag{4.4}$$

を満たす局所 ∇-アファイン座標系 (x^i) と局所 ∇^*-アファイン座標系 (y^j) の組 $\{(x^i),(y^i)\}$ をとることができる.

証明　点 $p_0 \in M$ の周りに, ∇ に関するアファイン座標近傍 $(U; \xi^i)$ と ∇^* に関するアファイン座標近傍 $(V; \eta^i)$ を任意にとる. そして

$$g_{p_0}\left(\left(\frac{\partial}{\partial \xi^i}\right)_{p_0}, \left(\frac{\partial}{\partial \eta^j}\right)_{p_0}\right)$$

を第 (i,j) 成分とする行列を G_0 と書くことにすると, 計量 g の正定値性より, G_0 は正則行列である. そして

$$x^i := \xi^i, \qquad y^i := \sum_j (G_0)_{ij}\, \eta^j$$

で新しい座標系の組 $\{(x^i),(y^i)\}$ を作れば, これが求めるものとなる. ここに $(G_0)_{ij}$ は行列 G_0 の第 (i,j) 成分である.

実際, (x^i) が ∇-アファイン座標系, (y^i) が ∇^*-アファイン座標系となることは定理 3.5.2 から分かる. また

$$\frac{\partial}{\partial \xi^i} = \frac{\partial}{\partial x^i}, \qquad \frac{\partial}{\partial \eta^j} = \sum_k (G_0)_{kj}\, \frac{\partial}{\partial y^k}$$

であるから,

$$(G_0)_{ij} = g_{p_0}\left(\left(\frac{\partial}{\partial \xi^i}\right)_{p_0}, \left(\frac{\partial}{\partial \eta^j}\right)_{p_0}\right)$$
$$= \sum_k g_{p_0}\left(\left(\frac{\partial}{\partial x^i}\right)_{p_0}, \left(\frac{\partial}{\partial y^k}\right)_{p_0}\right)(G_0)_{kj}$$

従って

$$g_{p_0}\left(\left(\frac{\partial}{\partial x^i}\right)_{p_0}, \left(\frac{\partial}{\partial y^k}\right)_{p_0}\right) = \delta_{ik}$$

が分かる. これは, 関係式 (4.4) が点 p_0 で成立していることを意味する.

あとは，こうして作ったアファイン座標系の組 $\{(x^i),(y^i)\}$ が，点 p_0 だけでなく，すべての点 $p \in U \cap V$ で

$$g_p\left(\left(\frac{\partial}{\partial x^i}\right)_p, \left(\frac{\partial}{\partial y^j}\right)_p\right) = \delta_{ij}$$

を満たすことを証明すればよいが，これは任意の $X \in \mathcal{X}(M)$ に対して

$$Xg\left(\frac{\partial}{\partial x^i}, \frac{\partial}{\partial y^j}\right) = g\left(\nabla_X\left(\frac{\partial}{\partial x^i}\right), \frac{\partial}{\partial y^j}\right) + g\left(\frac{\partial}{\partial x^i}, \nabla_X^*\left(\frac{\partial}{\partial y^j}\right)\right) = 0$$

となることから分かる．なお，最後の等号では，(x^i) が ∇-アファイン座標系，(y^j) が ∇^*-アファイン座標系であること，すなわち

$$\nabla_X\left(\frac{\partial}{\partial x^i}\right) = 0, \qquad \nabla_X^*\left(\frac{\partial}{\partial y^j}\right) = 0$$

であることを用いた． $\square$

定義

定理 4.2.1 の性質を有する局所 ∇-アファイン座標系 (x^i) と局所 ∇^*-アファイン座標系 (y^j) の組 $\{(x^i),(y^i)\}$ を**双対アファイン座標系**という．

以下では，双対アファイン座標系を用いた局所的な話に限定するため，$U \cap V$ 自身を多様体 M と見なし，直交性 (4.4) を満たす大域的な ∇-アファイン座標系を (θ^i)，∇^*-アファイン座標系を (η_j) で表し，それぞれ θ-**座標系**，η-**座標系**とよぶことにする．また，対応するベクトル場を

$$\partial_i := \frac{\partial}{\partial\theta^i}, \qquad \partial^i := \frac{\partial}{\partial\eta_i}$$

と書くことにする．そして直交性は，今後

$$g\left(\partial_i, \partial^j\right) = \delta_i^j$$

と表すことにする．これまで使い慣れてきた Schouten の記法はどうなったのか，といぶかしく感じる向きもあるかとは思うが，これからは 2 つの座標系を必ずペアで使うので，同じインデックスを使い，その代わり添字が上つきか下つきかで ∇-アファイン座標系と ∇^*-アファイン座標系を区別することにするのである．しかも，すぐに分かるように，形式的に Einstein の和の規約が

使えて，極めて便利なのである．

さて，双対平坦多様体 M 上に双対アファイン座標系 $\{(\theta^i),(\eta_i)\}$ が導入されると，そこから双対ポテンシャルを経由してダイバージェンスとよばれる量に至る標準的方法があるので，それを 4 つの補題に分けて説明しよう．

補題 4.2.2. 双対アファイン座標系 $\{(\theta^i),(\eta_i)\}$ に関する計量 g の成分を

$$g_{ij} := g(\partial_i, \partial_j), \qquad g^{ij} := g(\partial^i, \partial^j)$$

とおくと，

$$g_{ij} = \partial_i \eta_j = \partial_j \eta_i, \quad g^{ij} = \partial^i \theta^j = \partial^j \theta^i, \quad g_{ij} g^{jk} = \delta_i^k \tag{4.5}$$

が成り立つ．

証明 座標変換則 $\partial_i = \dfrac{\partial \eta_k}{\partial \theta^i} \partial^k$ より

$$g_{ij} = g\left(\frac{\partial \eta_k}{\partial \theta^i} \partial^k, \partial_j\right) = \frac{\partial \eta_k}{\partial \theta^i} g\left(\partial^k, \partial_j\right) = \frac{\partial \eta_k}{\partial \theta^i} \delta_j^k = \frac{\partial \eta_j}{\partial \theta^i}$$

となる．つまり g_{ij} は座標変換 $(\theta^i) \mapsto (\eta_i)$ の Jacobi 行列である．$g_{ij} = g_{ji}$ だから $g_{ij} = \partial_j \eta_i$ も明らか．また，g^{ij} が座標変換 $(\eta_i) \mapsto (\theta^i)$ の Jacobi 行列であることも同様に証明できる．そして

$$g_{ij} g^{jk} = \frac{\partial \eta_i}{\partial \theta^j} \frac{\partial \theta^j}{\partial \eta_k} = \delta_i^k$$

は逆写像定理における Jacobi 行列の関係に他ならない． $\square$

補題 4.2.3. ある C^∞ 級関数の組 $\{\psi(\theta^1, \ldots, \theta^n), \varphi(\eta_1, \ldots, \eta_n)\}$ が存在して

$$\eta_i = \partial_i \psi, \quad \theta^i = \partial^i \varphi, \quad \psi(\theta^1, \ldots, \theta^n) + \varphi(\eta_1, \ldots, \eta_n) - \theta^i \eta_i = 0 \tag{4.6}$$

が成り立つ．

証明 関係式 (4.5) より $\partial_i \eta_j = \partial_j \eta_i$ であって，これは $\eta_i = \partial_i \psi$ なるポテン

シャル関数 ψ の存在を意味している[2]. 同様に $\partial^i\theta^j = \partial^j\theta^i$ は $\theta^i = \partial^i\varphi$ なる
ポテンシャル関数 φ の存在を意味している. そして関数 $\psi + \varphi - \theta^i\eta_i$ を微分
（全微分）すると,

$$d(\psi + \varphi - \theta^i\eta_i) = d\psi + d\varphi - (d\theta^i)\eta_i - \theta^i(d\eta_i)$$
$$= (\partial_i\psi)d\theta^i + (\partial^i\varphi)d\eta_i - \eta_i d\theta^i - \theta^i d\eta_i$$
$$= 0$$

となるから, 関数 $\psi + \varphi - \theta^i\eta_i$ は定数関数であることが分かる. そこでポテン
シャル関数に登場する任意積分定数をうまく選ぶことにより, 恒等的に

$$\psi + \varphi - \theta^i\eta_i = 0$$

とできる. $\qquad\qquad\qquad\qquad\qquad\qquad\qquad\qquad\qquad\qquad\qquad\square$

補題 4.2.4. 補題 4.2.3 の C^∞ 級関数の組 $\{\psi(\theta^1,\ldots,\theta^n), \varphi(\eta_1,\ldots,\eta_n)\}$
は計量 g と

$$g_{ij} = \partial_i\partial_j\psi, \qquad g^{ij} = \partial^i\partial^j\varphi \qquad\qquad (4.7)$$

で関連づけられる. 従って ψ は $(\theta^1,\ldots,\theta^n)$ に関する狭義凸関数, φ は
$(\eta_1,\ldots,\eta_n)$ に関する狭義凸関数である.

証明 関係式 (4.5) と (4.6) を組み合わせれば, (4.7) は直ちに得られる. そ
して, g_{ij} も g^{ij} も共に正定値対称行列であるから, ψ も φ も共に狭義凸であ
る. $\qquad\qquad\qquad\qquad\qquad\qquad\qquad\qquad\qquad\qquad\qquad\qquad\qquad\square$

補題 4.2.5. 点 $p \in M$ の θ-座標と η-座標をそれぞれ

$$\theta(p) = (\theta^1(p),\ldots,\theta^n(p)), \qquad \eta(p) = (\eta_1(p),\ldots,\eta_n(p))$$

と表すことにすると, 補題 4.2.3 の C^∞ 級関数の組 $\{\psi(\theta^1,\ldots,\theta^n), \varphi(\eta_1,$
$\ldots,\eta_n)\}$ は互いに Legendre 変換

---
[2] 同様の論法は, 方程式 (3.17) の可積分性を論ずる際にも用いた.

$$\varphi(\eta(p)) = \max_{q \in M} \left\{ \theta^i(q)\eta_i(p) - \psi(\theta(q)) \right\} \tag{4.8}$$

$$\psi(\theta(p)) = \max_{q \in M} \left\{ \eta_i(q)\theta^i(p) - \varphi(\eta(q)) \right\} \tag{4.9}$$

で関連づけられる.

証明　点 p を固定し，関数 $q \mapsto \theta^i(q)\eta_i(p) - \psi(\theta(q))$ を微分してみると，

$$d\left(\theta^i(q)\eta_i(p) - \psi(\theta(q))\right) = (\eta_i(p) - \partial_i\psi(\theta(q)))\, d\theta^i(q)$$

$$= (\eta_i(p) - \eta_i(q))\, d\theta^i(q)$$

だから (4.8) 右辺の max は，すべての i で $\eta_i(p) = \eta_i(q)$，すなわち $p = q$ の
ときかつそのときに限り達成されて，その最大値は

$$\theta^i(p)\eta_i(p) - \psi(\theta(p)) = \varphi(\eta(p))$$

となる．ここで (4.6) の最後の等式を用いた．これで (4.8) が証明された．
(4.9) の証明も全く同様である.　　　　　　　　　　　　　　　　□

以上の準備を経て，ダイバージェンスとよばれる量を定義しよう.

定義

　M を双対構造 (g, ∇, ∇^*) に関する双対平坦多様体とする．2 点 $p, q \in M$ に対して定まる量

$$D(p\|q) := \psi(\theta(p)) + \varphi(\eta(q)) - \theta^i(p)\eta_i(q) \tag{4.10}$$

を **∇-ダイバージェンス** という．ここに $\{(\theta^i), (\eta_i)\}$ は M の大域的な双対
アファイン座標系である.

　上記定義において，「2 点 $p, q \in M$ に対して定まる量」と言っておきなが
ら，双対アファイン座標系を用いて定義しているのは変だと思うかもしれな
い．座標系の取り方に依存してしまうような量は幾何学的な量とは言えないか
らである．しかし，(4.10) は双対アファイン座標系の取り方に依存しないこと
が以下のように証明できる．従って ∇-ダイバージェンスは矛盾なく定義され

ているのである.

補題 4.2.6. $\{(\theta^i),(\eta_i)\}$ と $\{(\tilde{\theta}^\lambda),(\tilde{\eta}_\lambda)\}$ を M の任意の双対アファイン座標系とし，それぞれの双対ポテンシャルを $\{\psi(\theta),\varphi(\eta)\}$ および $\{\tilde{\psi}(\tilde{\theta}),\tilde{\varphi}(\tilde{\eta})\}$ と書くと，

$$\psi(\theta(p)) + \varphi(\eta(q)) - \theta^i(p)\,\eta_i(q) = \tilde{\psi}(\tilde{\theta}(p)) + \tilde{\varphi}(\tilde{\eta}(q)) - \tilde{\theta}^\lambda(p)\,\tilde{\eta}_\lambda(q)$$

が成り立つ.

証明　定理 3.5.2 より，2 組の双対アファイン座標系は，あるアファイン変換

$$\tilde{\theta}^\lambda = A_i^\lambda \theta^i + a^\lambda, \qquad \tilde{\eta}_\lambda = B_\lambda^i \eta_i + b_\lambda \tag{4.11}$$

で関係づけられている. ただし，正則行列 A, B は全く任意というわけではなく，直交性 (4.4) より

$$\delta_i^j = g(\partial_i, \partial^j) = A_i^\lambda B_\mu^j\, g(\partial_\lambda, \partial^\mu) = A_i^\lambda B_\mu^j\, \delta_\lambda^\mu = A_i^\lambda B_\lambda^j$$

という束縛条件がかかっている. すなわち A と B は互いに逆行列である. このことから

$$\partial_\lambda = B_\lambda^i\, \partial_i, \qquad \partial^\lambda = A_i^\lambda\, \partial^i$$

も分かる.

この関係を用いて，まず ψ と $\tilde{\psi}$ の関係を導こう. 関係式 (4.6) の最初の式より

$$\tilde{\eta}_\lambda = \partial_\lambda \tilde{\psi} = B_\lambda^j\, \partial_j \tilde{\psi}$$

を得る，ここで $\partial_j \tilde{\psi}$ は座標変換 (4.11) を施した関数 $\tilde{\psi}(\tilde{\theta}(\theta))$ を θ^j で偏微分したものである. 一方，(4.11) と補題 4.2.3 より

$$\tilde{\eta}_\lambda = B_\lambda^j\, \partial_j \psi + b_\lambda$$

2 式を見比べて

$$\partial_j \tilde{\psi} = \partial_j \psi + A_j^\lambda b_\lambda$$

これを積分して

$$\tilde{\psi}(\tilde{\theta}) = \psi(\theta) + A_j^\lambda b_\lambda \theta^j + c \tag{4.12}$$

を得る．ここに c はある定数である．

次に φ と $\tilde{\varphi}$ の関係を導くために，関係式 (4.6) の最後の式を用い，(4.11) と (4.12) を使って変形すれば

$$
\begin{aligned}
\tilde{\varphi}(\tilde{\eta}) &= \tilde{\theta}^\lambda \tilde{\eta}_\lambda - \tilde{\psi}(\tilde{\theta}) \\
&= \left(A_i^\lambda \theta^i + a^\lambda \right) \left(B_\lambda^j \eta_j + b_\lambda \right) - \left(\psi(\theta) + A_j^\lambda b_\lambda \theta^j + c \right) \\
&= \{\theta^i \eta_i - \psi(\theta)\} + a^\lambda B_\lambda^j \eta_j + a^\lambda b_\lambda - c \\
&= \varphi(\eta) + a^\lambda B_\lambda^j \eta_j + a^\lambda b_\lambda - c
\end{aligned}
\tag{4.13}
$$

を得る．

関係式 (4.11), (4.12), (4.13) から

$$
\begin{aligned}
&\tilde{\psi}(\tilde{\theta}(p)) + \tilde{\varphi}(\tilde{\eta}(q)) - \tilde{\theta}^\lambda(p)\, \tilde{\eta}_\lambda(q) \\
&= \left\{ \psi(\theta(p)) + A_j^\lambda b_\lambda \theta^j(p) + c \right\} + \left\{ \varphi(\eta(q)) + a^\lambda B_\lambda^j \eta_j(q) + a^\lambda b_\lambda - c \right\} \\
&\quad - \left(A_i^\lambda \theta^i(p) + a^\lambda \right) \left(B_\lambda^j \eta_j(q) + b_\lambda \right) \\
&= \psi(\theta(p)) + \varphi(\eta(q)) - \theta^i(p)\, \eta_i(q)
\end{aligned}
$$

が結論される． □

ダイバージェンスに関する注意をいくつか述べておこう．まず，多様体 M 上に双対構造 $(g, \nabla^{(1)}, \nabla^{(2)})$ があったとして，2 つの接続 $\nabla^{(1)}, \nabla^{(2)}$ のうち，どちらを ∇，どちらを ∇^* と見るかは全く便宜的なものである．そして，∇ と ∇^* の役割を入れ替えたとしたら，∇-ダイバージェンスの定義

$$D(p\|q) := \psi(\theta(p)) + \varphi(\eta(q)) - \theta^i(p)\eta_i(q)$$

における θ と η，ψ と φ がすべて入れ替わるから，∇^*-ダイバージェンスを

$D^*(p\|q)$ と書くと，

$$D^*(p\|q) = D(q\|p)$$

であることが分かる．

次に，補題 4.2.5 より

$$D(p\|q) \geq 0 \qquad (p, q \in M)$$

かつ

$$D(p\|q) = 0 \iff p = q$$

が成り立つことが分かる．これらの性質は距離[3]を連想させるが，対称性 $D(p\|q) = D(q\|p)$ や三角不等式 $D(p\|q) + D(q\|r) \geq D(p\|r)$ は一般に成り立たないので，距離ではない．このことは，次の例からも納得できるであろう．

例 4.2.7（Euclid 空間）．自己双対 $\nabla^* = \nabla$ である場合，すなわち Riemann 多様体を考えてみよう．この場合，双対平坦性は単なる平坦性に帰着し，従って双対平坦な Riemann 多様体とは，直交座標系 (z^i) をアファイン座標系 $(\theta^i = \eta_i = z^i)$ とする Euclid 空間に帰着する（表 4.1）．そして，補題 4.2.3 のように座標系 $z = (z^i)$ を生成する（双対）ポテンシャルは

$$\psi(z) = \varphi(z) = \frac{1}{2} \sum_{i=1}^{n} \left(z^i\right)^2$$

で与えられるので，ダイバージェンスは

$$\begin{aligned} D(p\|q) &= \frac{1}{2} \sum_{i=1}^{n} \left(z^i(p)\right)^2 + \frac{1}{2} \sum_{i=1}^{n} \left(z^i(q)\right)^2 - \sum_{i=1}^{n} z^i(p) z^i(q) \\ &= \frac{1}{2} \sum_{i=1}^{n} \left(z^i(p) - z^i(q)\right)^2 \end{aligned}$$

---

[3]集合 X 上で定義された 2 変数関数 $d : X \times X \to \mathbb{R}$ が，非負性：$d(x, y) \geq 0$，非退化性：$d(x, y) = 0 \Leftrightarrow x = y$，対称性：$d(x, y) = d(y, x)$，および三角不等式：$d(x, y) + d(y, z) \geq d(x, z)$ を満たすとき，d を X の距離といい，ペア (X, d) を距離空間という．

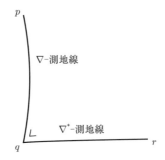

図 **4.2**　一般化された Pythagoras の定理

$$= \frac{1}{2}\, d(p,q)^2$$

となる．ここに $d(p,q)$ は p と q の Euclid 距離である．

　この例からも分かるように，ダイバージェンスとは，距離の 2 乗の次元を持った量である．ところで，距離の 2 乗といえば三平方の定理（Pythagoras の定理）を思い出す．面白いことに，Pythagoras の定理は次の形でダイバージェンスに一般化できるのである（図 4.2）．

定理 4.2.8（一般化された Pythagoras の定理）．双対平坦多様体 (M, g, ∇, ∇^*) 上に 3 点 p, q, r をとる．もし p と q を結ぶ ∇-測地線と，q と r を結ぶ ∇^*-測地線が，q において計量 g に関して直交しているなら

$$D(p\|q) + D(q\|r) = D(p\|r) \tag{4.14}$$

が成り立つ．

　証明　測地線とは，1 次元の自己平行部分多様体のことである．従って定理 3.7.3 より，∇-測地線は ∇-アファイン座標系である θ-座標系の直線の式で表され，∇^*-測地線は ∇^*-アファイン座標系である η-座標系の直線の式で表される．

　このことから，q と p を結ぶ ∇-測地線

$$C_1 = \{p(t); \, 0 \le t \le 1, \, p(0) = q, \, p(1) = p\}$$

を θ-座標系で $p(t) = (\theta^1(t), \ldots, \theta^n(t))$ と座標表示すると，

$$\theta^i(t) = \theta^i(0) + t\left\{\theta^i(1) - \theta^i(0)\right\}$$

となり，q と r を結ぶ ∇^*-測地線

$$C_2 = \{q(t); \, 0 \le t \le 1, \, q(0) = q, \, q(1) = r\}$$

を η-座標系で $q(t) = (\eta_1(t), \ldots, \eta_n(t))$ と座標表示すると，

$$\eta_i(t) = \eta_i(0) + t\left\{\eta_i(1) - \eta_i(0)\right\}$$

となる．これらより，点 q における C_1 および C_2 の接ベクトルはそれぞれ

$$\boldsymbol{v} = \dot{p}(0) = \frac{d\theta^i}{dt}(0)\,(\partial_i)_q = \left\{\theta^i(1) - \theta^i(0)\right\}(\partial_i)_q$$
$$= \left\{\theta^i(p) - \theta^i(q)\right\}(\partial_i)_q$$

および

$$\boldsymbol{w} = \dot{q}(0) = \frac{d\eta_i}{dt}(0)\,(\partial^i)_q = \left\{\eta_i(1) - \eta_i(0)\right\}(\partial^i)_q$$
$$= \left\{\eta_i(r) - \eta_i(q)\right\}(\partial^i)_q$$

となる．仮定よりこれらが直交しているから

$$0 = g_q(\boldsymbol{v}, \boldsymbol{w})$$
$$= \left\{\theta^i(p) - \theta^i(q)\right\}\left\{\eta_j(r) - \eta_j(q)\right\}g_q\left((\partial_i)_q, (\partial^j)_q\right)$$
$$= \left\{\theta^i(p) - \theta^i(q)\right\}\left\{\eta_i(r) - \eta_i(q)\right\}$$

従って

$$D(p\|q) + D(q\|r) - D(p\|r)$$
$$= \left\{\psi(\theta(p)) + \varphi(\eta(q)) - \theta^i(p)\eta_i(q)\right\}$$
$$\quad + \left\{\psi(\theta(q)) + \varphi(\eta(r)) - \theta^i(q)\eta_i(r)\right\}$$
$$\quad - \left\{\psi(\theta(p)) + \varphi(\eta(r)) - \theta^i(p)\eta_i(r)\right\}$$

$$= \{\psi(\theta(q)) + \varphi(\eta(q))\} - \theta^i(p)\eta_i(q) - \theta^i(q)\eta_i(r) + \theta^i(p)\eta_i(r)$$

$$= \theta^i(q)\eta_i(q) - \theta^i(p)\eta_i(q) - \theta^i(q)\eta_i(r) + \theta^i(p)\eta_i(r)$$

$$= \{\theta^i(p) - \theta^i(q)\} \{\eta_i(r) - \eta_i(q)\}$$

$$= 0$$

となる．ここで第3の等号では (4.6) の第3式を用いた．   □

第 5 章

確率分布空間の幾何構造

前章では，情報幾何学の一般論，特に双対平坦空間の基本性質を論じた．しかし，どんな理論も重要で興味深い応用例がなければその価値を失う．では，双対平坦空間にはどのようなものがあるのだろうか．本章では，双対平坦空間の典型例であり，情報幾何学が誕生する母体ともなった，有限集合上の確率分布全体からなる空間の幾何構造を調べてみよう．

5.1 Chentsov の定理

有限集合 Ω の要素である根元事象を自然数でラベルづけすることにして，サイズ n の根元事象系を標準的に

$$\Omega_n = \{1, 2, \ldots, n\}$$

で表そう．そして Ω_n 上の確率分布全体の集合を

$$\mathcal{S}_{n-1} := \left\{ p : \Omega_n \to \mathbb{R}_{++} \; ; \; \sum_{\omega \in \Omega_n} p(\omega) = 1 \right\}$$

と表す．ここに $\mathbb{R}_{++} := \{x \in \mathbb{R}; \; x > 0\}$ である．$\mathcal{S}_{n-1}$ の各元である確率分布を n 次元数ベクトル $(p(1), p(2), \ldots, p(n))$ と同一視すると，集合 $\mathcal{S}_{n-1}$ は $\mathbb{R}^n$

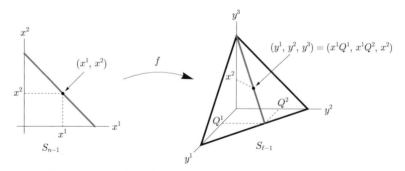

図 5.1　Markov 埋め込み f による $\mathcal{S}_{n-1}$ の $\mathcal{S}_{\ell-1}$ への埋め込み.
ここでは $C_{(1)} = \{1,2\}$, $C_{(2)} = \{3\}$, $Q_{(1)} = (Q^1, Q^2, 0)$, $Q_{(2)} = (0,0,1)$ としている.

内の超平面 $\displaystyle\sum_{\omega \in \Omega_n} p(\omega) = 1$ と $\mathbb{R}^n$ の正の象限の共通部分に相当する開単体であるから, 自然に $n-1$ 次元多様体と見なせる.

　本節では, $\mathcal{S}_{n-1}$ に許容される計量および接続の構造を考えたい. $\mathcal{S}_{n-1}$ は $\mathbb{R}^n$ のアフィン部分集合にすぎないではないか, そんなつまらない対象の幾何になど興味がない, と思う読者もいることだろう. しかしそれは, $\mathcal{S}_{n-1}$ が確率分布からなる空間であることを無視した発言である. $\mathcal{S}_{n-1}$ が確率分布から構成されているという事実は, $\mathcal{S}_{n-1}$ の構造に強い制限を課すことになる.

　例えば 3 つの根元事象 $\{a\}, \{b\}, \{c\}$ を持つ確率的情報源があったとしよう. これを $\Omega_3 = \{1,2,3\}$ 上の確率分布で記述する場合, どの事象をそれぞれ $1, 2, 3$ というラベルに割り当てるかは全く本質ではない. 従って, 対応する確率分布空間の幾何構造もラベルの取り替えに関して不変であるべきである. さらに, 本当は $\{a,b,c\}$ 上の確率事象なのに, 何らかの理由で a と b が同一視されて, $\{a,b\}$ と $\{c\}$ という 2 つの根元事象からなる確率事象が得られる状況を想定しよう[1]. 確率的に系を記述する当事者にとってみれば, もともとは Ω_3 上の確率分布が背後にあったのに, データがつぶれてしまったため Ω_2 の確率分布が得られたのか, それとも最初から Ω_2 の確率分布だったのかはどうでもよいはずである. つまりデータの同一視を介して $\mathcal{S}_{2-1}$ の幾何構造が $\mathcal{S}_{3-1}$ の

---

[1] 例えば, データを送信する機械の故障により, a と b がどちらも $*$ という記号に置き換わってしまう状況を想像するとよい. この場合, 2 つの根元事象 $\{*\}$ と $\{c\}$ を持つ確率的情報源を扱うことになる.

幾何構造から誘導されるはずである.

　このことを図 5.1 を参照しながら別の言い方で表現してみよう. 上の問題と対応づけるため, $n = 2$, $\ell = 3$ としよう. このとき, 任意に固定した混合比 $Q^1 : Q^2$ で事象 1 と 2 が生じる確率分布全体からなる $\mathcal{S}_{\ell-1}$ の部分多様体 M (斜面を走る直線) と $\mathcal{S}_{n-1}$ とは統計学的に同等である[2]. 従って, $\mathcal{S}_{n-1}$ の幾何構造は, $\mathcal{S}_{\ell-1}$ の幾何構造を M に制限することにより M に誘導される幾何構造と一致すべきである.

　以上の考察を数学的に定式化しよう. まず, 統計的同等性を持つ部分多様体を対応づける写像が次に述べる Markov 埋め込みである.

定義

n, ℓ は $2 \le n \le \ell$ を満たす自然数とする. 以下のように構成される写像

$$f : \mathcal{S}_{n-1} \longrightarrow \mathcal{S}_{\ell-1}$$

を **Markov 埋め込み**という.

　i) Ω_ℓ を, 空でなく互いに交わらない部分集合の族 $\{C_{(1)}, \ldots, C_{(n)}\}$ に分割する.

　ii) 各 j $(1 \le j \le n)$ に対し, $C_{(j)}$ に台を持つ Ω_ℓ 上の確率分布

$$Q_{(j)} = \left(Q_{(j)}^1, Q_{(j)}^2, \ldots, Q_{(j)}^\ell \right)$$

　を付随させる. ここに $Q_{(j)}^k$ は, $k \in C_{(j)}$ ならば正の値であり, $k \notin C_{(j)}$ ならばゼロとする.

　iii) $(y^1, \ldots, y^\ell) = f(x^1, \ldots, x^n)$ を

$$y^k := \sum_{j=1}^{n} x^j Q_{(j)}^k$$

　で定義する.

　上の構成が幾何学的に何をやっているのか説明しよう. i) では, 確率単体

---

[2] M 上の統計的推定問題が $\mathcal{S}_{n-1}$ の統計的推定問題に帰着されるからである. 統計学では, このような状況を M は**十分統計量**を持つという.

$\mathcal{S}_{\ell-1}$ の頂点を n 個のグループに分けている. ii) では, 各グループ $C_{(j)}$ に属する根元事象に対応する頂点たちが生成する凸包[3]内の 1 点 $Q_{(j)}$ を定めている. そして最後の iii) では, ii) で作った点 $Q_{(1)}, \dots, Q_{(n)}$ を端点とし, それぞれ重み $x^1, \dots, x^n$ で凸結合を作って生成した内分点

$$(y^1, \dots, y^\ell) = \sum_{j=1}^{n} x^j Q_{(j)}$$

を $(x^1, \dots, x^n)$ の像と定めているのである.

　図 5.1 は, この作業を $n = 2$, $\ell = 3$ の場合に実行した例であり, $C_{(1)} = \{1, 2\}$, $C_{(2)} = \{3\}$, $Q_{(1)} = (Q^1, Q^2, 0)$, $Q_{(2)} = (0, 0, 1)$ となっている. なお, $n = \ell$ のときはラベルの入れ替えに相当するので, 上で想定した不変性が課せられる状況はすべて Markov 埋め込みで表現される. こうして $\mathcal{S}_{n-1}$ に課される不変性の要請は次のように述べられる.

> **要請**
>
> 　$\mathcal{S}_{n-1}$ の幾何は, $\mathcal{S}_{\ell-1}$ に埋め込まれた部分多様体 $f(\mathcal{S}_{n-1})$ の幾何と同等であるべきである.

　上でも述べたように, これは $\mathcal{S}_{n-1}$ が確率分布からなる空間であるということから当然満たされるべき自然な要請である. ところが驚くべきことに, この要請だけから $\mathcal{S}_{n-1}$ の幾何構造がほとんど決定されてしまうのである. 以下, 順を追ってこれを説明していこう.

> **定理 5.1.1** (Chentsov). $\mathcal{S}_{n-1}$ 上の $(0, 2)$ 型テンソル場 $g^{[n]}$ からなる列 $\{g^{[n]}; n = 2, 3, \dots\}$ であって, 任意の Markov 埋め込み f に関する不変性
>
> $$g_p^{[n]}(X, Y) = g_{f(p)}^{[\ell]}(f_* X, f_* Y) \tag{5.1}$$
>
> を満たすものは, 定数倍を除いて

---

[3]アファイン空間のある部分集合 X に対し, X の点の凸結合 (内分点) として表される点全体からなる集合を, X の**凸包**という.

$$g_p^{[n]}(X, Y) = \sum_{\omega=1}^{n} p(\omega)(X \log p(\omega))(Y \log p(\omega)) \tag{5.2}$$

に限られる.

なお, 不変性の要請 (5.1) は, 正確には

$$g_p^{[n]}(X_p, Y_p) = g_{f(p)}^{[\ell]}((f_*)_p X_p, (f_*)_p Y_p)$$

と書くべきものである. ここに $(f_*)_p$ は (2.8) で定義された f の微分である. ただ, 記号が煩雑になるので, 今後も混乱のない限り (5.1) のように略記する.

それから, (5.2) に登場する量 $X \log p(\omega)$ について説明しておこう. 各 $p \in \mathcal{S}_{n-1}$ は数ベクトル $(p(1), p(2), \ldots, p(n)) \in \mathbb{R}^n$ と同一視できたが, p を動かすとこのベクトルも変化するという意味で, p はそれ自身, $\mathbb{R}^n$ に値をとる $\mathcal{S}_{n-1}$ 上のベクトル値関数と見ることもできる. 同様に, $\log p := (\log p(1), \log p(2), \ldots, \log p(n))$ も $\mathbb{R}^n$ に値をとる $\mathcal{S}_{n-1}$ 上のベクトル値関数と見なすことができる. そしてこの関数にベクトル場 X を作用させて得られる関数の p での値が $X \log p$ である. この関数は正確には $X_p \log$ あるいは $(X \log)(p)$ と書くべきものであるが, 分かりやすさを優先して, 今後も混乱のない限り $X_p \log p$ あるいは $X \log p$ と略記する[4].

証明 Markov 埋め込みは自然に $f : \mathbb{R}_{++}^n \to \mathbb{R}_{++}^\ell$ に拡張される. そこで, 不変性の要請 (5.1) を満たす $\mathbb{R}_{++}^n$ の $(0, 2)$ 型テンソル場の列に対する同様の性質を導き, それを $\mathcal{S}_{n-1}$ に制限することで定理を証明しよう. 証明を 4 つのステップに分けて示す. 以下では, $\mathbb{R}_{++}^n = \{p = (x^1, \ldots, x^n); x^i > 0\}$ の大域的座標系として $(x^1, \ldots, x^n)$ 自身を用いる.

---

[4]5.3 節において Xp という記法も登場する. これは $X \log p$ という記法と同様, 確率分布 p を数ベクトル $(p(1), \ldots, p(n))$ と同一視するベクトル値関数 $\tau : \mathcal{S}_{n-1} \to \mathbb{R}^n$ の微分 $X\tau$ の p での値を象徴的に表したものである.

【ステップ1】$\mathcal{S}_{n-1}$ の重心

$$p_0 = \left(\frac{1}{n}, \ldots, \frac{1}{n}\right)$$

で考える．Markov 埋め込みによる不変性 (5.1) の特殊ケースとして，$\ell = n$ の場合，すなわち事象のラベルづけに関する不変性を考えると，

$$g_{p_0}^{[n]}\left(\frac{\partial}{\partial x^i}, \frac{\partial}{\partial x^i}\right)$$

は i によらないはずであり，$i \neq j$ に対し，

$$g_{p_0}^{[n]}\left(\frac{\partial}{\partial x^i}, \frac{\partial}{\partial x^j}\right)$$

は i, j によらないはずである．従って，ある定数の列 $A^{[n]}, B^{[n]}$ が存在して

$$g_{p_0}^{[n]}\left(\frac{\partial}{\partial x^i}, \frac{\partial}{\partial x^j}\right) = \delta_{ij} A^{[n]} + B^{[n]}$$

となる．行列で書けば，非対角成分がすべて定数 $B^{[n]}$ で，対角成分がすべて定数 $A^{[n]} + B^{[n]}$ という形である．ところで，p_0 における $\mathcal{S}_{n-1}$ の接ベクトル $X \in T_{p_0}\mathcal{S}_{n-1}$ を

$$X = X^i \frac{\partial}{\partial x^i}$$

と成分表示すると，

$$\sum_{i=1}^{n} X^i = 0$$

となる．なぜなら，$\mathbb{R}_{++}^n$ 上の関数 $h(x^1, \ldots, x^n) = x^1 + \cdots + x^n$ に X を作用させると，$\mathcal{S}_{n-1}$ 上では h は恒等的に値 1 をとる定数関数であるから

$$0 = X\left(\sum_{j=1}^{n} x^j\right) = \left(X^i \frac{\partial}{\partial x^i}\right)\left(\sum_{j=1}^{n} x^j\right) = \sum_{i=1}^{n} X^i$$

従って任意の $X, Y \in T_{p_0}\mathcal{S}_{n-1}$ に対し

$$g_{p_0}^{[n]}(X, Y) = \sum_{i,j=1}^{n} X^i Y^j (\delta_{ij} A^{[n]} + B^{[n]}) = A^{[n]} \sum_{i=1}^{n} X^i Y^i$$

となって $\mathcal{S}_{n-1}$ 上では $B^{[n]}$ に依存しない．よって一般性を失わず $B^{[n]} = 0$ としておく．

【ステップ 2】ある自然数 k が存在して $\ell = kn$ となっている状況で

$$f(x^1, \ldots, x^n) = (\underbrace{\frac{x^1}{k}, \ldots, \frac{x^1}{k}}_{k}, \ldots\ldots, \underbrace{\frac{x^n}{k}, \ldots, \frac{x^n}{k}}_{k})$$

$$=: (y^{1_1}, \ldots, y^{1_k}, \ldots\ldots, y^{n_1}, \ldots, y^{n_k})$$

という Markov 埋め込みを考える．このとき，

$$f_* : \frac{\partial}{\partial x^i} \longmapsto \frac{1}{k} \sum_{r=1}^{k} \frac{\partial}{\partial y^{i_r}}$$

であり，$\mathcal{S}_{n-1}$ の重心 p_0 の像 $f(p_0)$ は $\mathcal{S}_{\ell-1}$ の重心となる．よって，不変性 (5.1) より

$$\begin{aligned}
A^{[n]} &= g_{p_0}^{[n]} \left(\frac{\partial}{\partial x^i}, \frac{\partial}{\partial x^i} \right) \\
&= g_{f(p_0)}^{[\ell]} \left(f_* \frac{\partial}{\partial x^i}, f_* \frac{\partial}{\partial x^i} \right) \\
&= g_{f(p_0)}^{[\ell]} \left(\frac{1}{k} \sum_{r=1}^{k} \frac{\partial}{\partial y^{i_r}}, \frac{1}{k} \sum_{s=1}^{k} \frac{\partial}{\partial y^{i_s}} \right) \\
&= \frac{1}{k^2} \sum_{r,s=1}^{k} g_{f(p_0)}^{[\ell]} \left(\frac{\partial}{\partial y^{i_r}}, \frac{\partial}{\partial y^{i_s}} \right) \\
&= \frac{1}{k^2} \sum_{r,s=1}^{k} \delta_{i_r, i_s} A^{[\ell]} \\
&= \frac{1}{k} A^{[\ell]}
\end{aligned}$$

これより

$$\frac{A^{[n]}}{n} = \frac{A^{[\ell]}}{\ell}$$

を得る．従ってある定数 λ が存在して

$$A^{[n]} = \lambda n$$

となる[5].

【ステップ3】 $\mathcal{S}_{n-1}$ 上の有理点 p を任意にとり，それを共通の分母を持つ分数で

$$p = \left(\frac{m_1}{\ell}, \ldots, \frac{m_n}{\ell} \right) \qquad (\ell, m_1, \ldots, m_n \in \mathbb{N})$$

と表しておく．そして

$$f(x^1, \ldots, x^n) = \Big(\underbrace{\frac{x^1}{m_1}, \ldots, \frac{x^1}{m_1}}_{m_1}, \ \ldots\ldots, \ \underbrace{\frac{x^n}{m_n}, \ldots, \frac{x^n}{m_n}}_{m_n} \Big)$$

$$=: (y^{1_1}, \ldots, y^{1_{m_1}}, \ \ldots\ldots, \ y^{n_1}, \ldots, y^{n_{m_n}})$$

という Markov 埋め込みを考えると，$f(p)$ は $\mathcal{S}_{\ell-1}$ の重心だから，不変性 (5.1) より

$$g_p^{[n]} \left(\frac{\partial}{\partial x^i}, \frac{\partial}{\partial x^j} \right) = g_{f(p)}^{[\ell]} \left(f_* \frac{\partial}{\partial x^i}, f_* \frac{\partial}{\partial x^j} \right)$$

$$= g_{f(p)}^{[\ell]} \left(\frac{1}{m_i} \sum_{r=1}^{m_i} \frac{\partial}{\partial y^{i_r}}, \frac{1}{m_j} \sum_{s=1}^{m_j} \frac{\partial}{\partial y^{j_s}} \right)$$

$$= \frac{1}{m_i m_j} \sum_{r=1}^{m_i} \sum_{s=1}^{m_j} g_{f(p)}^{[\ell]} \left(\frac{\partial}{\partial y^{i_r}}, \frac{\partial}{\partial y^{j_s}} \right)$$

$$= \frac{1}{m_i m_j} \sum_{r=1}^{m_i} \sum_{s=1}^{m_j} \delta_{i_r, j_s} A^{[\ell]}$$

$$= \frac{1}{m_i m_j} \sum_{r=1}^{m_i} \sum_{s=1}^{m_j} \delta_{ij} \delta_{rs} A^{[\ell]}$$

$$= \frac{\delta_{ij}}{(m_i)^2} m_i A^{[\ell]}$$

$$= \delta_{ij} \frac{\lambda \ell}{m_i}$$

$$= \lambda \frac{\delta_{ij}}{p(i)}$$

---

[5] 任意の自然数 n_1, n_2 に対し，それらの最小公倍数を ℓ とすれば，ある自然数 k_1, k_2 が存在して $\ell = k_1 n_1 = k_2 n_2$ だから，上の結果から $\dfrac{A^{[n_1]}}{n_1} = \dfrac{A^{[\ell]}}{\ell} = \dfrac{A^{[n_2]}}{n_2}$ を得る．つまり $\dfrac{A^{[n]}}{n}$ は n に依存しない．

ここで最後から 2 番目の等号ではステップ 2 の結果を用いた. こうして不変性の要請 (5.1) を満たす $\mathbb{R}^n_{++}$ の計量は, $\mathcal{S}_{n-1}$ 上のすべての有理点 p 上で

$$g_p^{[n]}\left(\frac{\partial}{\partial x^i}, \frac{\partial}{\partial x^j}\right) = \lambda \frac{\delta_{ij}}{p(i)}$$

と書かれることが分かった. さらにテンソル場は連続なので, 結局すべての点 $p \in \mathcal{S}_{n-1}$ において上式が成立することが結論される.

【ステップ 4】上記結果を $\mathcal{S}_{n-1}$ へ制限する. まず, $\mathcal{S}_{n-1}$ に座標系を導入しよう. 第 i 番目の事象が確率 1 で起こる確率分布を δ_i と記す. すなわち

$$\delta_i(\omega) = \begin{cases} 1, & \omega = i \\ 0, & \omega \neq i \end{cases}$$

である. すると, 任意の点 $p \in \mathcal{S}_{n-1}$ に対し

$$p(\omega) = \sum_{a=1}^{n-1} \xi^a \delta_a(\omega) + \left(1 - \sum_{a=1}^{n-1} \xi^a\right) \delta_n(\omega) \tag{5.3}$$

を満たす正の実数の組 $(\xi^1, \ldots, \xi^{n-1})$ がただ 1 つ定まる. そこで, (ξ^a) を $\mathcal{S}_{n-1}$ の座標系にとることにする. つまり

$$p = (x^1, \ldots, x^{n-1}, x^n) = \left(\xi^1, \ldots, \xi^{n-1}, 1 - \sum_{a=1}^{n-1} \xi^a\right)$$

である. よって

$$\frac{\partial}{\partial \xi^a} = \frac{\partial x^i}{\partial \xi^a} \frac{\partial}{\partial x^i} = \frac{\partial}{\partial x^a} - \frac{\partial}{\partial x^n}$$

だから

$$g_p^{[n]}\left(\frac{\partial}{\partial \xi^a}, \frac{\partial}{\partial \xi^b}\right) = g_p^{[n]}\left(\frac{\partial}{\partial x^a} - \frac{\partial}{\partial x^n}, \frac{\partial}{\partial x^b} - \frac{\partial}{\partial x^n}\right)$$

$$= \lambda\left(\frac{\delta_{ab}}{p(a)} + \frac{1}{p(n)}\right)$$

$$= \lambda \sum_{\omega=1}^{n} \frac{(\delta_a(\omega) - \delta_n(\omega))(\delta_b(\omega) - \delta_n(\omega))}{p(\omega)}$$

ここで (5.3) より

$$\delta_a(\omega) - \delta_n(\omega) = \frac{\partial}{\partial \xi^a} p(\omega)$$

だから，上式はさらに変形できて

$$g_p^{[n]}\left(\frac{\partial}{\partial \xi^a}, \frac{\partial}{\partial \xi^b}\right) = \lambda \sum_{\omega=1}^{n} \frac{\left(\frac{\partial}{\partial \xi^a} p(\omega)\right)\left(\frac{\partial}{\partial \xi^b} p(\omega)\right)}{p(\omega)}$$

$$= \lambda \sum_{\omega=1}^{n} p(\omega)\left(\frac{\partial}{\partial \xi^a} \log p(\omega)\right)\left(\frac{\partial}{\partial \xi^b} \log p(\omega)\right)$$

以上で定理は証明された． □

定理 5.1.1 は $(0,2)$ 型テンソル場の特徴づけであったが，同様の事実が $(0,3)$ 型テンソル場に対しても成立する．

定理 5.1.2 (Chentsov). $\mathcal{S}_{n-1}$ 上の $(0,3)$ 型テンソル場 $S^{[n]}$ からなる列 $\{S^{[n]}; n = 2, 3, \dots\}$ であって，任意の Markov 埋め込み f に関する不変性

$$S_p^{[n]}(X, Y, Z) = S_{f(p)}^{[\ell]}(f_* X, f_* Y, f_* Z) \tag{5.4}$$

を満たすものは，定数倍を除いて

$$S_p^{[n]}(X, Y, Z) = \sum_{\omega=1}^{n} p(\omega)(X \log p(\omega))(Y \log p(\omega))(Z \log p(\omega)) \tag{5.5}$$

に限られる．

証明 定理 5.1.1 の証明と同様，不変性の要請 (5.4) を満たす $\mathbb{R}^n_{++}$ のテンソル場を特徴づけ，それを $\mathcal{S}_{n-1}$ に制限することにより証明する．証明はやはり 4 つのステップからなるが，ステップ 1 を除いて定理 5.1.1 の証明とほとんど同様である．

【ステップ1】 $\mathcal{S}_{n-1}$ の重心

$$p_0 = \left(\frac{1}{n}, \ldots, \frac{1}{n} \right)$$

で考える．Markov 埋め込みによる不変性 (5.4) の特殊ケースとして，$\ell = n$ の場合，すなわち事象の並べ替えに関する不変性を考えよう．

$$S_{p_0}^{[n]} \left(\frac{\partial}{\partial x^i}, \frac{\partial}{\partial x^j}, \frac{\partial}{\partial x^k} \right)$$

のインデックス i, j, k の組み合わせを，すべてが一致する組み合わせ，2つが一致して1つが異なる組み合わせ，すべてが異なる組み合わせ，の3通りに分けると，不変性の要請から，それぞれの組み合わせのところでは値が一致するので，ある定数の列 $A^{[n]}, B^{[n]}, C^{[n]}, D^{[n]}, E^{[n]}$ が存在して

$$S_{p_0}^{[n]} \left(\frac{\partial}{\partial x^i}, \frac{\partial}{\partial x^j}, \frac{\partial}{\partial x^k} \right) = \delta_{ijk} A^{[n]} + (\delta_{ij} B^{[n]} + \delta_{jk} C^{[n]} + \delta_{ki} D^{[n]}) + E^{[n]}$$

となる．ここに δ_{ijk} は $i = j = k$ のときのみ 1 で，その他は 0 という記号である．そして任意の $X, Y, Z \in T_{p_0} \mathcal{S}_{n-1}$ に対し

$$
\begin{aligned}
&S_{p_0}^{[n]}(X, Y, Z) \\
&= \sum_{i,j,k=1}^{n} X^i Y^j Z^k \left[\delta_{ijk} A^{[n]} + (\delta_{ij} B^{[n]} + \delta_{jk} C^{[n]} + \delta_{ki} D^{[n]}) + E^{[n]} \right] \\
&= A^{[n]} \sum_{i=1}^{n} X^i Y^i Z^i
\end{aligned}
$$

となって $\mathcal{S}_{n-1}$ 上では $B^{[n]}, C^{[n]}, D^{[n]}, E^{[n]}$ に依存しない．よって一般性を失わず，これらを 0 としておく．

【ステップ2】 ある自然数 k が存在して $\ell = kn$ となっている状況で

$$f(x^1, \ldots, x^n) = \Big(\underbrace{\frac{x^1}{k}, \ldots, \frac{x^1}{k}}_{k}, \; \ldots\ldots, \; \underbrace{\frac{x^n}{k}, \ldots, \frac{x^n}{k}}_{k} \Big)$$

$$=: (y^{1_1}, \ldots, y^{1_k}, \; \ldots\ldots, \; y^{n_1}, \ldots, y^{n_k})$$

という Markov 埋め込みを考える．このとき，$\mathcal{S}_{n-1}$ の重心 p_0 の像 $f(p_0)$ は

$\mathcal{S}_{\ell-1}$ の重心となるので, 不変性 (5.4) より

$$
\begin{aligned}
A^{[n]} &= S^{[n]}_{p_0} \left(\frac{\partial}{\partial x^i}, \frac{\partial}{\partial x^i}, \frac{\partial}{\partial x^i} \right) \\
&= S^{[\ell]}_{f(p_0)} \left(f_* \frac{\partial}{\partial x^i}, f_* \frac{\partial}{\partial x^i}, f_* \frac{\partial}{\partial x^i} \right) \\
&= S^{[\ell]}_{f(p_0)} \left(\frac{1}{k} \sum_{r=1}^{k} \frac{\partial}{\partial y^{i_r}}, \frac{1}{k} \sum_{s=1}^{k} \frac{\partial}{\partial y^{i_s}}, \frac{1}{k} \sum_{t=1}^{k} \frac{\partial}{\partial y^{i_t}} \right) \\
&= \frac{1}{k^3} k\, A^{[\ell]}
\end{aligned}
$$

これより

$$
\frac{A^{[n]}}{n^2} = \frac{A^{[\ell]}}{\ell^2}
$$

を得る. 従ってある定数 μ が存在して

$$
A^{[n]} = \mu\, n^2
$$

となる[6].

【ステップ 3】$\mathcal{S}_{n-1}$ 上の有理点 p を任意にとり, それを共通の分母を持つ分数で

$$
p = \left(\frac{m_1}{\ell}, \ldots, \frac{m_n}{\ell} \right) \qquad (\ell, m_1, \ldots, m_n \in \mathbb{N})
$$

と表しておく. そして

$$
\begin{aligned}
f(x^1, \ldots, x^n) &= \Big(\underbrace{\frac{x^1}{m_1}, \ldots, \frac{x^1}{m_1}}_{m_1}, \; \ldots\ldots \; \underbrace{\frac{x^n}{m_n}, \ldots, \frac{x^n}{m_n}}_{m_n} \Big) \\
&=: (y^{1_1}, \ldots, y^{1_{m_1}}, \; \ldots\ldots, \; y^{n_1}, \ldots, y^{n_{m_n}})
\end{aligned}
$$

という Markov 埋め込みを考えると, $f(p)$ は $\mathcal{S}_{\ell-1}$ の重心だから, 不変性 (5.4) より

---

[6]任意の自然数 n_1, n_2 に対し, それらの最小公倍数を ℓ とすれば, ある自然数 k_1, k_2 が存在して $\ell = k_1 n_1 = k_2 n_2$ だから, 上の結果から $\dfrac{A^{[n_1]}}{(n_1)^2} = \dfrac{A^{[\ell]}}{\ell^2} = \dfrac{A^{[n_2]}}{(n_2)^2}$ を得る. つまり $\dfrac{A^{[n]}}{n^2}$ は n に依存しない.

$$S_p^{[n]}\left(\frac{\partial}{\partial x^i},\,\frac{\partial}{\partial x^j},\,\frac{\partial}{\partial x^k}\right)$$

$$= S_{f(p)}^{[\ell]}\left(f_*\frac{\partial}{\partial x^i},\,f_*\frac{\partial}{\partial x^j},\,f_*\frac{\partial}{\partial x^k}\right)$$

$$= S_{f(p)}^{[\ell]}\left(\frac{1}{m_i}\sum_{r=1}^{m_i}\frac{\partial}{\partial y^{i_r}},\,\frac{1}{m_j}\sum_{s=1}^{m_j}\frac{\partial}{\partial y^{j_s}},\,\frac{1}{m_k}\sum_{t=1}^{m_k}\frac{\partial}{\partial y^{k_t}}\right)$$

$$= \frac{\delta_{ijk}}{(m_i)^3}\,m_i\,A^{[\ell]}$$

$$= \mu\,\frac{\delta_{ijk}}{p(i)^2}$$

これを連続拡張すれば，結局すべての点 $p \in \mathcal{S}_{n-1}$ において上式が成立することが結論される．

【ステップ 4】上記結果を $\mathcal{S}_{n-1}$ へ制限する．(5.3) で定まる $\mathcal{S}_{n-1}$ の座標系 (ξ^a) を用いて

$$S_p^{[n]}\left(\frac{\partial}{\partial\xi^a},\,\frac{\partial}{\partial\xi^b},\,\frac{\partial}{\partial\xi^c}\right)$$

$$= S_p^{[n]}\left(\frac{\partial}{\partial x^a}-\frac{\partial}{\partial x^n},\,\frac{\partial}{\partial x^b}-\frac{\partial}{\partial x^n},\,\frac{\partial}{\partial x^c}-\frac{\partial}{\partial x^n}\right)$$

$$= \mu\left(\frac{\delta_{abc}}{p(a)^2}-\frac{1}{p(n)^2}\right)$$

$$= \mu\sum_{\omega=1}^{n}\frac{(\delta_a(\omega)-\delta_n(\omega))\,(\delta_b(\omega)-\delta_n(\omega))\,(\delta_c(\omega)-\delta_n(\omega))}{p(\omega)^2}$$

$$= \mu\sum_{\omega=1}^{n}\frac{\left(\frac{\partial}{\partial\xi^a}p(\omega)\right)\left(\frac{\partial}{\partial\xi^b}p(\omega)\right)\left(\frac{\partial}{\partial\xi^c}p(\omega)\right)}{p(\omega)^2}$$

$$= \mu\sum_{\omega=1}^{n}p(\omega)\left(\frac{\partial}{\partial\xi^a}\log p(\omega)\right)\left(\frac{\partial}{\partial\xi^b}\log p(\omega)\right)\left(\frac{\partial}{\partial\xi^c}\log p(\omega)\right)$$

以上で定理は証明された． $\qquad\qquad\qquad\qquad\qquad\qquad\square$

さて，こうして $(0,2)$ 型および $(0,3)$ 型テンソル場が類似の形で特徴づけられたので，この調子で $(0,4)$ 型テンソル場も

$$F_p^{[n]}(X, Y, Z, W)$$

$$= \sum_{\omega=1}^{n} p(\omega)(X \log p(\omega))(Y \log p(\omega))(Z \log p(\omega))(W \log p(\omega))$$

の定数倍に限られるだろうと予想するかもしれないが，これは誤りである．実際，

$$\tilde{F}_p^{[n]}(X, Y, Z, W) := g_p^{[n]}(X, Y) g_p^{[n]}(Z, W) + g_p^{[n]}(X, Z) g_p^{[n]}(Y, W)$$
$$+ g_p^{[n]}(X, W) g_p^{[n]}(Y, Z)$$

は不変性の要請を満たす $(0, 4)$ 型テンソル場であるが，$F_p^{[n]}(X, Y, Z, W)$ の定数倍ではない[7].

5.2　Fisher 計量と α-接続

Markov 埋め込み $f : \mathcal{S}_{n-1} \to \mathcal{S}_{\ell-1}$ のもとでの $\mathcal{S}_{n-1}$ 上の計量 $g^{[n]}$ に対する不変性の要請は

$$g_p^{[n]}(X, Y) = g_{f(p)}^{[\ell]}(f_* X, f_* Y) \tag{5.6}$$

であり，$\mathcal{S}_{n-1}$ 上のアファイン接続 $\nabla^{[n]}$ に対する不変性の要請は

$$g_p^{[n]}(\nabla_X^{[n]} Y, Z) = g_{f(p)}^{[\ell]}(\nabla_{f_* X}^{[\ell]} f_* Y, f_* Z) \tag{5.7}$$

と書ける．このうち，要請 (5.6) については定理 5.1.1 で解決済みであり，答えは (5.2) の定数倍であった．そしてこの計量に付随する Riemann 接続を $\overline{\nabla}^{[n]}$ と書くと，(5.6) より $\overline{\nabla}^{[n]}$ は自動的に (5.7) を満たす．すなわち，

$$g_{f(p)}^{[\ell]}(\overline{\nabla}_{f_* \partial_i}^{[\ell]} f_* \partial_j, f_* \partial_k)$$
$$= \frac{1}{2} \Big\{ (f_* \partial_i) g_{f(p)}^{[\ell]}(f_* \partial_j, f_* \partial_k) + (f_* \partial_j) g_{f(p)}^{[\ell]}(f_* \partial_k, f_* \partial_i)$$
$$- (f_* \partial_k) g_{f(p)}^{[\ell]}(f_* \partial_i, f_* \partial_j) \Big\}$$

---

[7]定理 5.1.1 や定理 5.1.2 と同様の証明を試みようとしたとき，どこで破綻するか確認することは重要である．ステップ 1 でいきなり破綻するのである．なお，章末の補足も参照のこと．

$$= \frac{1}{2}\left\{\partial_i g_p^{[n]}(\partial_j, \partial_k) + \partial_j g_p^{[n]}(\partial_k, \partial_i) - \partial_k g_p^{[n]}(\partial_i, \partial_j)\right\}$$
$$= g_p^{[n]}(\overline{\nabla}_{\partial_i}^{[n]}\partial_j, \partial_k)$$

従って，Riemann 接続 $\overline{\nabla}^{[n]}$ は $\mathcal{S}_{n-1}$ 上に許容される接続の 1 つである．

さて，$\mathcal{S}_{n-1}$ 上に許容される接続はこれだけではない．対応式 (3.1) で説明したように，多様体上に共変微分を 1 つ（例えば $\overline{\nabla}^{[n]}$）を固定すると，他の共変微分 $\nabla^{[n]}$ との差は $(1,2)$ 型テンソル場と 1 対 1 に対応する．従ってそれを計量で射影して考えれば，

$$g_p^{[n]}(\nabla_X^{[n]}Y, Z) - g_p^{[n]}(\overline{\nabla}_X^{[n]}Y, Z)$$

と $(0,3)$ 型テンソル場は 1 対 1 に対応することになる．そして $\nabla^{[n]}$ に不変性 (5.7) を要請することは，上記 $(0,3)$ 型テンソル場に不変性を要請することに他ならない．しかも不変性を満たす $(0,3)$ 型テンソル場は定数倍を除いて (5.5) に定まることが Chentsov の定理 5.1.2 で証明されている．そこで，この定数倍因子を改めて $-\dfrac{\alpha}{2}$ とおくと，実数 α を任意に与えるごとに

$$g_p^{[n]}(\nabla_X^{[n]}Y, Z) - g_p^{[n]}(\overline{\nabla}_X^{[n]}Y, Z) = -\frac{\alpha}{2} S_p^{[n]}(X, Y, Z)$$

によって不変性 (5.7) を満たす接続 $\nabla^{[n]}$ が 1 つ定まることが分かる．以上をまとめて，次の重要な結論を得る．

定理 5.2.1（Chentsov）．Markov 埋め込みのもとでの不変性 (5.6) を満たす $\mathcal{S}_{n-1}$ 上の Riemann 計量は，定数倍を除いて

$$g_p(X, Y) := \sum_{\omega=1}^n p(\omega)(X\log p(\omega))(Y\log p(\omega)) \tag{5.8}$$

に限られる．一方，不変性 (5.7) を満たすアファイン接続 $\nabla^{(\alpha)}$ は，関係

$$g_p(\nabla_X^{(\alpha)}Y, Z) := g_p(\overline{\nabla}_X Y, Z) - \frac{\alpha}{2} S_p(X, Y, Z) \tag{5.9}$$

により，実数 α と 1 対 1 に対応する．ここに $\overline{\nabla}$ は計量 (5.8) に付随する Riemann 接続，S_p は

$$S_p(X, Y, Z) := \sum_{\omega=1}^{n} p(\omega)(X \log p(\omega))(Y \log p(\omega))(Z \log p(\omega))$$

で定義される $(0, 3)$ 型対称テンソル場である.

定義

(5.8) で定まる計量 g を $\mathcal{S}_{n-1}$ の **Fisher 計量**といい,各実数 α に対し (5.9) で定まる接続 $\nabla^{(\alpha)}$ を $\mathcal{S}_{n-1}$ の **α-接続**という.

特に $\nabla^{(0)}$ は計量 g に付随した Riemann 接続であることを注意しておく.

5.3 指数型接続と混合型接続

有限確率分布空間 $\mathcal{S}_{n-1}$ が有する極めて自然な不変性の要請から,$\mathcal{S}_{n-1}$ 上に許容される計量と接続がそれぞれ Fisher 計量と α-接続に限られることが Chentsov の定理 5.2.1 で明らかになった.では,これらの幾何構造を有する空間 $\mathcal{S}_{n-1}$ はどのような多様体になっているのだろうか.本節ではこれを調べよう.

定理 5.3.1. 有限確率分布空間 $\mathcal{S}_{n-1}$ の Fisher 計量を g,α-接続を $\nabla^{(\alpha)}$ とする.

(i) 各 $\alpha \in \mathbb{R}$ に対し,$\nabla^{(\alpha)}$ の捩率はゼロ.

(ii) 各 $\alpha \in \mathbb{R}$ に対し,$\nabla^{(\alpha)}$ と $\nabla^{(-\alpha)}$ は g に関して互いに双対.

(iii) $\mathcal{S}_{n-1}$ は双対構造 $(g, \nabla^{(-1)}, \nabla^{(+1)})$ に関して双対平坦.

証明　$\nabla^{(0)}$ は Riemann 接続であって捩率 0 であることを用いれば,

$$g(\nabla_X^{(\alpha)} Y - \nabla_Y^{(\alpha)} X - [X, Y], Z)$$
$$= g(\nabla_X^{(0)} Y - \nabla_Y^{(0)} X - [X, Y], Z) - \frac{\alpha}{2}\{S(X, Y, Z) - S(Y, X, Z)\}$$
$$= 0$$

となり (i) が証明される.また

$$Xg(Y,Z) = g(\nabla_X^{(0)}Y, Z) + g(Y, \nabla_X^{(0)}Z)$$
$$= g(\nabla_X^{(\alpha)}Y, Z) + g(Y, \nabla_X^{(-\alpha)}Z) + \frac{\alpha}{2}\{S(X,Y,Z) - S(X,Z,Y)\}$$
$$= g(\nabla_X^{(\alpha)}Y, Z) + g(Y, \nabla_X^{(-\alpha)}Z)$$

となって (ii) が証明される[8].

　(iii) を示すには，$\mathcal{S}_{n-1}$ が $\nabla^{(-1)}$-アファイン座標系を持つことを示せば十分である．なぜなら，このとき定理 3.5.1 より $\nabla^{(-1)}$-曲率はゼロとなり，従って定理 4.1.2 より $\nabla^{(+1)}$-曲率もゼロとなるからである．さて，(5.3) で導入した $\mathcal{S}_{n-1}$ の座標系 (ξ^a) は，実は $\nabla^{(-1)}$-アファイン座標系である．これを証明しよう．$\mathcal{S}_{n-1}$ の一般の座標系 (x^i) に関する α-接続 $\nabla^{(\alpha)}$ の接続係数が

$$\Gamma_{ij,k}^{(\alpha)} := g(\nabla_{\partial_i}^{(\alpha)}\partial_j, \partial_k)$$
$$= \frac{1-\alpha}{2}S_{ijk} + \sum_{\omega=1}^n p(\omega)\,(\partial_i\partial_j \log p(\omega))\,(\partial_k \log p(\omega)) \tag{5.10}$$

となることが直接計算により分かる．ここに

$$S_{ijk} := S(\partial_i, \partial_j, \partial_k) = \sum_{\omega=1}^n p(\omega)\,(\partial_i \log p(\omega))\,(\partial_j \log p(\omega))\,(\partial_k \log p(\omega))$$

である．特に $\alpha = -1$ の場合は

$$\Gamma_{ij,k}^{(-1)} = \sum_{\omega=1}^n p(\omega)\,\{(\partial_i \log p(\omega))\,(\partial_j \log p(\omega)) + \partial_i\partial_j \log p(\omega)\}\,(\partial_k \log p(\omega))$$
$$= \sum_{\omega=1}^n p(\omega)\,\left\{\frac{(\partial_i p(\omega))\,(\partial_j p(\omega))}{p(\omega)^2} + \partial_i\left(\frac{\partial_j p(\omega)}{p(\omega)}\right)\right\}\,(\partial_k \log p(\omega))$$
$$= \sum_{\omega=1}^n (\partial_i\partial_j p(\omega))\,(\partial_k \log p(\omega)) \tag{5.11}$$

となる．そして (5.3) で導入した $\mathcal{S}_{n-1}$ の座標系 (ξ^a)，すなわち

---

[8]この証明から分かるように，$S(X,Y,Z)$ の X,Y に関する対称性が捩率ゼロを，Y,Z に関する対称性が $\nabla^{(\pm\alpha)}$ の双対性を，それぞれ保証しているのである．

$$p(\omega) = \sum_{a=1}^{n-1} \xi^a \delta_a(\omega) + \left(1 - \sum_{a=1}^{n-1} \xi^a\right) \delta_n(\omega)$$

に対しては $\partial_a \partial_b\, p(\omega) = 0$ となるので，$\Gamma_{ab,c}^{(-1)} = 0$ が示された. □

定理 5.3.1 から，$\alpha = \pm 1$ に対応する接続 $\nabla^{(\pm 1)}$ が，$\mathcal{S}_{n-1}$ の幾何において極めて重要な位置を占めることが示唆されるので，これらに名前をつけておこう.

定義

$\alpha = -1$ に対応する接続 $\nabla^{(-1)}$ を**混合型接続**といい，記号 $\nabla^{(m)}$ で表す. 一方，$\alpha = +1$ に対応する接続 $\nabla^{(+1)}$ を**指数型接続**といい，記号 $\nabla^{(e)}$ で表す.

接続 $\nabla^{(m)}$ の m は，混合型接続の英訳である mixture connection の m であり，簡単に m-接続（m-connection）とよぶことも多い. 一方，接続 $\nabla^{(e)}$ の e は，指数型接続の英訳である exponential connection の e であり，簡単に e-接続（e-connection）とよぶことも多い.

以下，双対構造 $(g, \nabla^{(m)}, \nabla^{(e)})$ に関して双対平坦な多様体 $\mathcal{S}_{n-1}$ の性質を調べていこう. なお文脈上混乱が生じない場合は，記号の簡単化のため $\mathcal{S}_{n-1}$ を単に $\mathcal{S}$ と書くことにし，これに伴って Ω_n も Ω と略記する.

まず，ここまでの議論において，接ベクトル $X \in T_p\mathcal{S}$ はしばしば p や $\log p$ に作用する形で登場した. そこでこれらを，接ベクトル X の確率変数による表現と見なし，以下の定義を行う. これは後々，本質的な役割を果たすことになる.

定義

各 $X \in T_p\mathcal{S}$ に対し

$$Xp := (Xp(1), \ldots, Xp(n))$$

で定まる確率変数 Xp を X の**混合型表現**もしくは簡単に **m-表現**という. そして，その全体を接空間 $T_p\mathcal{S}$ の m-表現といい，$T_p^{(m)}\mathcal{S}$ で表す. すなわち

$$T_p^{(m)}\mathcal{S} := \{Xp \,;\, X \in T_p\mathcal{S}\}$$

一方，各 $X \in T_p\mathcal{S}$ に対し

$$X \log p := (X \log p(1), \ldots, X \log p(n))$$

で定まる確率変数 $X \log p$ を X の **指数型表現** もしくは簡単に **e-表現** とい
う．そして，その全体を接空間 $T_p\mathcal{S}$ の e-表現といい，$T_p^{(e)}\mathcal{S}$ で表す．す
なわち

$$T_p^{(e)}\mathcal{S} := \{X \log p \,;\, X \in T_p\mathcal{S}\}$$

定理 5.3.2. 接空間 $T_p\mathcal{S}$ の m-表現，e-表現は，それぞれ次のように特徴づ
けられる．

$$T_p^{(m)}\mathcal{S} = \left\{ f : \Omega \to \mathbb{R} \,;\, \sum_{\omega \in \Omega} f(\omega) = 0 \right\} \tag{5.12}$$

$$T_p^{(e)}\mathcal{S} = \left\{ f : \Omega \to \mathbb{R} \,;\, \sum_{\omega \in \Omega} p(\omega)f(\omega) = 0 \right\} \tag{5.13}$$

証明　まず (5.12) を示す．左辺 $\subset$ 右辺は

$$\sum_{\omega \in \Omega} Xp(\omega) = X\left(\sum_{\omega \in \Omega} p(\omega)\right) = X1 = 0$$

から分かる．そして両辺共に $n-1$ 次元の線形空間であることから，左辺 =
右辺が結論される．

次に (5.13) を示す．左辺 $\subset$ 右辺は

$$\sum_{\omega \subset \Omega} p(\omega)\,(X \log p(\omega)) \qquad \sum_{\omega \in \Omega} p(\omega)\left(\frac{Xp(\omega)}{p(\omega)}\right) = X\left(\sum_{\omega \in \Omega} p(\omega)\right) = X1 = 0$$

から分かる．そして両辺共に $n-1$ 次元の線形空間であることから，左辺 = 右辺が結論される． □

(5.13) に登場する

$$\sum_{\omega \in \Omega} p(\omega) f(\omega)$$

は確率分布 p のもとでの確率変数 f の期待値である．今後はこれを $E_p[f]$ と書くことにする．

なお，(5.8) で定義された Fisher 計量 g が接ベクトルの m-表現と e-表現のペアリングとして

$$g(X, Y) = \sum_{\omega \in \Omega} (Xp(\omega))\,(Y \log p(\omega)) \tag{5.14}$$

と書けること，さらには $\alpha = \pm 1$ に対応する接続 $\nabla^{(e)}$ および $\nabla^{(m)}$ が表式 (5.10) および (5.11) からそれぞれ

$$g(\nabla_X^{(e)} Y, Z) = \sum_{\omega \in \Omega} (XY \log p(\omega))\,(Zp(\omega)) \tag{5.15}$$

$$g(\nabla_X^{(m)} Y, Z) = \sum_{\omega \in \Omega} (XYp(\omega))\,(Z \log p(\omega)) \tag{5.16}$$

と書けることをここで注意しておく．これらは今後しばしば用いる重要な表式である．例えばこれらを用いると，接続の双対性は

$$\begin{aligned}
Xg(Y, Z) &= X \left\{ \sum_{\omega \in \Omega} (Yp(\omega))\,(Z \log p(\omega)) \right\} \\
&= \sum_{\omega \in \Omega} (XYp(\omega))\,(Z \log p(\omega)) \\
&\quad + \sum_{\omega \in \Omega} (Yp(\omega))\,(XZ \log p(\omega)) \\
&= g(\nabla_X^{(m)} Y, Z) + g(Y, \nabla_X^{(e)} Z)
\end{aligned}$$

という機械的な計算に帰着される．

さて，$\mathcal{S}$ は双対構造 $(g, \nabla^{(m)}, \nabla^{(e)})$ に関して双対平坦であった．特に $\nabla^{(m)}$-曲率も $\nabla^{(e)}$-曲率もゼロであることから，どちらの接続に関する平行移動も，始点と終点のみで決まり，それらを結ぶ経路に依存しない．では，対応する遠

隔平行移動はどういうものであろうか？

定義

2点 $p, q \in \mathcal{S}$ に対し

$$\prod{}^{(m)} : T_p^{(m)}\mathcal{S} \longrightarrow T_q^{(m)}\mathcal{S} : f \longmapsto f$$

で定まる遠隔平行移動を**混合型平行移動**もしくは簡単に **m-平行移動**という.

また

$$\prod{}^{(e)} : T_p^{(e)}\mathcal{S} \longrightarrow T_q^{(e)}\mathcal{S} : f \longmapsto f - E_q[f]$$

で定まる遠隔平行移動を**指数型平行移動**もしくは簡単に **e-平行移動**という.

---

m-平行移動 $\prod{}^{(m)}$ は，確率変数 f を p から q へ移動する際，何もせずにそのまま移動して $T_q\mathcal{S}$ の元の m-表現と見なすものである．これは接空間の m-表現の特徴づけ (5.12) が点 p によらないことから可能である．他方，接空間の e-表現の特徴づけ (5.13) は点 p に陽に依存している．つまり p での期待値がゼロとなる確率変数だけが p での接ベクトルの e-表現と見なせるのであった．そこで，確率変数 f を p から q へ移動する際，移動先 q での期待値 $E_q[f]$ を差し引いて期待値ゼロの確率変数 $f - E_q[f]$ に変形するのが e-平行移動 $\prod{}^{(e)}$ である．

実は，こうして導入した m-平行移動 $\prod{}^{(m)}$ と e-平行移動 $\prod{}^{(e)}$ の無限小版 (定理 3.2.3) が，それぞれ $\nabla^{(m)}$ と $\nabla^{(e)}$ に一致する．言い換えれば，$\nabla^{(m)}$ と $\nabla^{(e)}$ に対応する遠隔平行移動はそれぞれ m-平行移動 $\prod{}^{(m)}$ と e-平行移動 $\prod{}^{(e)}$ になっているのである．この事実を正確に述べよう[9].

---

[9]定理 5.3.3 を最初に指摘した Dawid は，同論文中で e-接続のことを Efron 接続と命名していた（A. P. Dawid, *Annals of Statistics*, Vol. 3 (1975) pp. 1231-1234.）．偶然とはいえ，同じ頭文字 e で始まる命名となっていたことは興味深い．なお，Efron は高次漸近理論を幾何学と結びつける重要な指摘を行った統計学の大家である．

定理 5.3.3. $t = 0$ で $p_0 \in \mathcal{S}$ を通る $X \in \mathcal{X}(\mathcal{S})$ の積分曲線を p_t とする．すなわち $\dot{p}_t = X_{p_t}$ である．任意のベクトル場 $Y \in \mathcal{X}(\mathcal{S})$ に対し

$$\left(\nabla_X^{(m)} Y\right)_{p_0} = \lim_{t \to 0} \frac{\prod_{\ 0}^{(m)\, t}(Y_{p_t}) - Y_{p_0}}{t} \tag{5.17}$$

および

$$\left(\nabla_X^{(e)} Y\right)_{p_0} = \lim_{t \to 0} \frac{\prod_{\ 0}^{(e)\, t}(Y_{p_t}) - Y_{p_0}}{t} \tag{5.18}$$

が成り立つ．

証明　初めに接ベクトルの m-表現を用いて (5.17) を証明しよう．(5.17) の右辺で極限をとる前の式の m-表現は次の確率変数である[10]．

$$\frac{\prod_{\ 0}^{(m)\, t}(Y_{p_t} p_t) - (Y_{p_0} p_0)}{t}$$

そして任意の $Z \in \mathcal{X}(\mathcal{S})$ に対し

$$\lim_{t \to 0} \sum_{\omega \in \Omega} \left(\frac{\prod_{\ 0}^{(m)\, t}(Y_{p_t} p_t(\omega)) - Y_{p_0} p_0(\omega)}{t} \right) (Z_{p_0} \log p_0(\omega))$$

$$= \lim_{t \to 0} \sum_{\omega \in \Omega} \left(\frac{Y_{p_t} p_t(\omega) - Y_{p_0} p_0(\omega)}{t} \right) (Z_{p_0} \log p_0(\omega))$$

$$= \sum_{\omega \in \Omega} (XY p(\omega))(Z \log p(\omega)) \bigg|_{p = p_0}$$

$$= g_{p_0}(\nabla_X^{(m)} Y, Z)$$

となるので (5.17) が示された．なお，2 番目の等号では p_t がベクトル場 X の積分曲線であるという事実を，最後の等号では (5.16) を用いた．

次に，接ベクトルの e-表現を用いて (5.18) を証明しよう．(5.18) の右辺で極限をとる前の式の e-表現は次の確率変数である．

---

[10]証明中に現れる $Y_{p_t} p_t$ や $Y_{p_t} \log p_t$ などの非標準的な記法の意味については，定理 5.1.1 直後の説明を参照せよ．

$$\frac{\prod_{0}^{(e)\,t} (Y_{p_t} \log p_t) - (Y_{p_0} \log p_0)}{t}$$

そして任意の $Z \in \mathcal{X}(\mathcal{S})$ に対し

$$\lim_{t \to 0} \sum_{\omega \in \Omega} \left(\frac{\prod_{0}^{(e)\,t} (Y_{p_t} \log p_t(\omega)) - Y_{p_0} \log p_0(\omega)}{t} \right) (Z_{p_0} p_0(\omega))$$

$$= \lim_{t \to 0} \sum_{\omega \in \Omega} \left(\frac{(Y_{p_t} \log p_t(\omega) - E_{p_0}[Y_{p_t} \log p_t]) - Y_{p_0} \log p_0(\omega)}{t} \right) (Z_{p_0} p_0(\omega))$$

$$= \lim_{t \to 0} \sum_{\omega \in \Omega} \left(\frac{Y_{p_t} \log p_t(\omega) - Y_{p_0} \log p_0(\omega)}{t} \right) (Z_{p_0} p_0(\omega))$$

$$= \sum_{\omega \in \Omega} (XY \log p(\omega)) (Zp(\omega)) \bigg|_{p=p_0}$$

$$= g_{p_0}(\nabla_X^{(e)} Y, Z)$$

となるので (5.18) が示された. なお, 2 番目の等号では $E_{p_0}[Y_{p_t} \log p_t]$ が ω によらない定数であることと $\sum_{\omega \in \Omega} Z_{p_0} p_0(\omega) = 0$ を用い, 最後の等号では (5.15) を用いた. □

5.4 $\mathcal{S}_{n-1}$ の双対微分幾何

4 つ組 $(\mathcal{S}, g, \nabla^{(e)}, \nabla^{(m)})$ をしばしば**統計多様体**とよぶ. 以下では, 第 4 章で一般論を展開した双対平坦多様体 (M, g, ∇, ∇^*) の幾何を, 統計多様体 $(\mathcal{S}, g, \nabla^{(e)}, \nabla^{(m)})$ に適用してみよう. なお, $\nabla^{(e)}$ と $\nabla^{(m)}$ のどちらを ∇ と見なすかは全く自由であるが, ここでは習慣に従い, $\nabla = \nabla^{(e)}$, $\nabla^* = \nabla^{(m)}$ とする.

初めに双対アファイン座標系を定めよう. 定理 5.3.1 の証明において, (5.3) で導入した $\mathcal{S}$ の座標系 (ξ^a) が $\nabla^{(-1)}$-アファイン座標系であることを見た. $\nabla^{(-1)} = \nabla^{(m)} = \nabla^*$ であるので, これは η-座標系とよばれるものに相当する. そこで改めて (5.3) を

$$p(\omega) = \sum_{i=1}^{n-1} \eta_i \delta_i(\omega) + \left(1 - \sum_{i=1}^{n-1} \eta_i \right) \delta_n(\omega) \tag{5.19}$$

と書き直し，$\nabla^{(m)}$-アファイン座標系 $\eta = (\eta_1, \ldots, \eta_{n-1})$ を導入する．この座標系に対しては $\partial^i \partial^j p(\omega) = 0$ となるので，$\nabla^{(m)}$ の接続係数[11]

$$\Gamma_{ij,k}^{(m)} = \sum_{\omega=1}^{n} (\partial^i \partial^j p(\omega))\,(\partial^k \log p(\omega))$$

はすべてゼロとなる．要するに (η_i) をアファイン座標系とする視点とは，$\mathcal{S}$ を $\mathbb{R}^n$ のアファイン部分集合として捉えることに他ならず，従って接続 $\nabla^{(m)}$ は $\mathbb{R}^n$ の Euclid 接続を $\mathcal{S}$ に制限したものに一致する．

では，(η_i) の双対アファイン座標系は何であろうか．$\nabla^{(e)} = \nabla^{(+1)}$ の接続係数

$$\Gamma_{ij,k}^{(e)} = \sum_{\omega=1}^{n} (\partial_i \partial_j \log p(\omega))\,(\partial_k p(\omega))$$

の形から，$\log p(\omega)$ が鍵であることが分かる．そこで $\log p(\omega)$ を次のように書き直してみる．

$$\log p(\omega) = \sum_{i=1}^{n-1} \left(\log \frac{p(i)}{p(n)} \right) \delta_i(\omega) + \log p(n)$$

妙な変形ではあるが，$\omega = 1, \ldots, n$ と 1 つずつ試してみれば，正しいことが分かる．ここで

$$\theta^i := \log \frac{p(i)}{p(n)} \qquad (i = 1, \ldots, n-1)$$

とおいてみると，規格化条件 $\displaystyle\sum_{\omega=1}^{n} p(\omega) = 1$ より

$$p(n) = \frac{1}{1 + \displaystyle\sum_{i=1}^{n-1} e^{\theta^i}}$$

という関係式が成り立ち，上記 $\log p(\omega)$ は

---

[11] η-座標系のインデックスは上つきなので，接続係数のインデックスも上つきとすべきであるが，ここでは (5.11) に合わせるため，変則的なインデックスとなっている．

$$\log p(\omega) = \sum_{i=1}^{n-1} \theta^i \delta_i(\omega) - \log\left(1 + \sum_{i=1}^{n-1} e^{\theta^i}\right)$$

と書き直せることが分かる. さらに, 関数

$$\psi(\theta) := \log\left(1 + \sum_{i=1}^{n-1} e^{\theta^i}\right)$$

を導入すれば, 上式は

$$\log p(\omega) = \sum_{i=1}^{n-1} \theta^i \delta_i(\omega) - \psi(\theta) \tag{5.20}$$

とスッキリ書ける. そこでこの $\theta = (\theta^1, \ldots, \theta^{n-1})$ を $\mathcal{S}$ の座標系だと思って接続係数を計算してみると, $\partial_i \partial_j \log p(\omega) = -\partial_i \partial_j \psi(\theta)$ が ω に依存しない定数であることから

$$\Gamma_{ij,k}^{(e)} = -(\partial_i \partial_j \psi) \sum_{\omega=1}^n \partial_k p(\omega) = 0$$

となって (θ^i) が $\nabla^{(e)}$-アファイン座標系となっていることが分かる. (5.19) が η の 1 次式であったのとは異なり, (5.20) は θ の 1 次式ではないが, 非線形部分 $\psi(\theta)$ の影響は規格化条件 $\sum_{\omega=1}^n \partial_k p(\omega) = 0$ のため消えてしまうのである.

さて, こうして導入した座標系 θ が $\nabla^{(e)}$-アファイン座標系であることが分かったが, 実はこれが座標系 η の双対アファイン座標系となっているのである. 実際, (5.14), (5.19), (5.20) より

$$\begin{aligned}
g\left(\frac{\partial}{\partial \eta_i}, \frac{\partial}{\partial \theta^j}\right) &= \sum_{\omega=1}^n \left(\frac{\partial}{\partial \eta_i} p(\omega)\right)\left(\frac{\partial}{\partial \theta^j} \log p(\omega)\right) \\
&= \sum_{\omega=1}^n (\delta_i(\omega) - \delta_n(\omega))\left(\delta_j(\omega) - \frac{\partial \psi}{\partial \theta^j}\right) \\
&\quad - \sum_{\omega=1}^n (\delta_i(\omega) - \delta_n(\omega))\, \delta_j(\omega) \\
&= \delta_{ij}
\end{aligned}$$

となり，関係式 (4.4) を満たすことが分かる．こうして，$\mathcal{S}$ 上の双対アファイン座標系 $\{(\theta^i), (\eta_i)\}_{1 \leq i \leq n-1}$ を 1 組見つけることができた．

次に，対応する双対ポテンシャルを定めよう．結論から言うと，上で登場した $\psi(\theta)$ が θ-座標系のポテンシャル関数である．実際，

$$\partial_i \psi = \frac{e^{\theta^i}}{1 + \displaystyle\sum_{j=1}^{n-1} e^{\theta^j}} = p(n)\, e^{\theta^i} = p(i) = \eta_i$$

となっている．η-座標系のポテンシャル関数 φ を求めるには，関係式 (4.6) を使えばよい．

$$\begin{aligned}
\varphi(\eta) &= \theta^i \eta_i - \psi(\theta) \\
&= \sum_{i=1}^{n-1} \left(\log \frac{p(i)}{p(n)} \right) p(i) + \log p(n) \\
&= \sum_{i=1}^{n-1} p(i) \log p(i) + \left(1 - \sum_{i=1}^{n-1} p(i) \right) \log p(n) \\
&= \sum_{i=1}^{n-1} \eta_i \log \eta_i + \left(1 - \sum_{i=1}^{n-1} \eta_i \right) \log \left(1 - \sum_{i=1}^{n-1} \eta_i \right)
\end{aligned}$$

である．試しに $\partial^i \varphi$ を計算してみると，

$$\partial^i \varphi = \log \eta_i + 1 - \log \left(1 - \sum_{j=1}^{n-1} \eta_j \right) - 1 = \log \left(\frac{p(i)}{p(n)} \right) = \theta^i$$

となる．なお，ポテンシャル関数 $\varphi(\eta)$ は，η が定める確率分布の Shannon エントロピー[12]の符号を変えたものに他ならない．

最後にダイバージェンスを計算してみよう．ここでは結論を見越して，$\nabla (= \nabla^{(e)})$-ダイバージェンスではなく，$\nabla^* (= \nabla^{(m)})$-ダイバージェンスを計算してみる．一般的な関係式

---

[12]$p \in \mathcal{S}$ に対し，確率変数 $-\log p$ の期待値

$$E_p[-\log p] = -\sum_{\omega=1}^{n} p(\omega) \log p(\omega)$$

を p の **Shannon エントロピー**という．

$$D^*(p\|q) = D(q\|p)$$

より，$\nabla^{(m)}$-ダイバージェンスは

$$
\begin{aligned}
D^{(m)}(p\|q) &= \psi(\theta(q)) + \varphi(\eta(p)) - \theta^i(q)\,\eta_i(p) \\
&= -\log q(n) + \sum_{\omega=1}^{n} p(\omega)\log p(\omega) - \sum_{i=1}^{n-1}\left(\log\frac{q(i)}{q(n)}\right)p(i) \\
&= \sum_{\omega=1}^{n} p(\omega)\log p(\omega) - \sum_{i=1}^{n-1} p(i)\log q(i) \\
&\quad - \left(1 - \sum_{i=1}^{n-1} p(i)\right)\log q(n) \\
&= \sum_{\omega=1}^{n} p(\omega)\log\frac{p(\omega)}{q(\omega)}
\end{aligned}
$$

となる．この量は様々なところに現れ，統計学では **Kullback-Leibler ダイバージェンス**，情報理論では**相対エントロピー**などとよばれている．

5.5　自己平行部分多様体

統計多様体 $(\mathcal{S}, g, \nabla^{(e)}, \nabla^{(m)})$ の自己平行部分多様体について調べよう．

定義

　Ω 上の関数 $C(\omega), F_1(\omega), \ldots, F_k(\omega)$，および $\mathbb{R}^k$ の領域 Θ 上を動く k 次元パラメータ $\theta = (\theta^1, \ldots, \theta^k) \in \Theta$ を用いて

$$p_\theta(\omega) = \exp\left[C(\omega) + \sum_{i=1}^{k}\theta^i F_i(\omega) - \psi(\theta)\right] \tag{5.21}$$

と表される確率分布族 $M = \{p_\theta\,;\,\theta \in \Theta\}$ を**指数型分布族**という．ここに $\psi(\theta)$ は p_θ が確率分布となるように調節する規格化因子であり，

$$\psi(\theta) := \log\left\{\sum_{\omega\in\Omega}\exp\left[C(\omega) + \sum_{i=1}^{k}\theta^i F_i(\omega)\right]\right\}$$

で与えられる．また，θ を M の**正準パラメータ**という．

　上の定義において，対応関係 $\theta \mapsto p_\theta$ が 1 対 1 となるようにするため，通常は $k+1$ 個の関数 $\{F_1, \ldots, F_k, \mathbb{I}\}$ が 1 次独立であることも要請する．ここに $\mathbb{I}$ はすべての $\omega \in \Omega$ で $\mathbb{I}(\omega) = 1$ となる恒等関数である．従って $\Omega = \{1, \ldots, n\}$ の場合，必然的に $k \leq n-1$ となる．以下では，常にこの 1 次独立性を仮定する．

　さて (5.20) より，$\mathcal{S}$ 自身は指数型分布族であることが分かるが，より一般に次が成り立つ．

> **定理 5.5.1.** $\mathcal{S}$ の部分多様体 M に対し，M が $\nabla^{(e)}$-自己平行部分多様体であるための必要十分条件は，M が指数型分布族であることである．

　証明　定理 3.7.3 より，M が $\nabla^{(e)}$-自己平行部分多様体であるための必要十分条件は，M が $\mathcal{S}$ の $\nabla^{(e)}$-アファイン座標系のアファイン部分空間（の開部分集合）に対応することであった．そして Ω 上のどんな関数も，$\{\delta_i(\omega)\}_{1 \leq i \leq n}$ の 1 次結合で書ける．従って (5.20) と (5.21) を見比べれば，定理を得る．　□

　さて，M を $\mathcal{S}$ の $\nabla^{(e)}$-自己平行部分多様体とすると，3.7 節で見たように，M 上には自然に計量 $\tilde{g}$ と接続 $\tilde{\nabla}^{(e)}$ が誘導される．そして

$$X\tilde{g}(Y,Z) = \tilde{g}(\tilde{\nabla}_X^{(e)}Y, Z) + \tilde{g}(Y, \tilde{\nabla}_X^* Z) \qquad (X, Y, Z \in \mathcal{X}(M))$$

によって M の接続 $\tilde{\nabla}^*$ を導入すると，3 つ組 $(\tilde{g}, \tilde{\nabla}^{(e)}, \tilde{\nabla}^*)$ は M の双対構造となる．しかも M が $\tilde{\nabla}^{(e)}$-自己平行であったから，M の $\tilde{\nabla}^{(e)}$-曲率はゼロであり，従って定理 4.1.2 より，M の $\tilde{\nabla}^*$-曲率もゼロとなる．さらに上式より，$\tilde{\nabla}_X^* Z$ は $\nabla_X^{(m)} Z$ を M の接空間に g で射影したものに他ならないから，$\mathcal{S}$ の $\nabla^{(m)}$-捩率がゼロであることより，M の $\tilde{\nabla}^*$-捩率もゼロとなる．結局，M は誘導された双対構造 $(\tilde{g}, \tilde{\nabla}^{(e)}, \tilde{\nabla}^*)$ に関して双対平坦な多様体となる．そして定理 5.5.1 の証明から分かるように，(5.21) の正準パラメータ $\theta = (\theta^i)$ は M の $\tilde{\nabla}^{(e)}$-アファイン座標系をなしている．

　では，M の $\tilde{\nabla}^*$-アファイン座標系は何であろうか．答えは次の定理で与えられる．

定理 5.5.2. $\mathcal{S}$ の $\nabla^{(e)}$-自己平行部分多様体である指数型分布族

$$M = \left\{ p_\theta(\omega) \in \mathcal{S}\,;\, \log p_\theta(\omega) = C(\omega) + \sum_{i=1}^{k} \theta^i F_i(\omega) - \psi(\theta) \right\}$$

に対し

$$\eta_i := E_{p_\theta}[F_i] = \sum_{\omega \in \Omega} p_\theta(\omega) F_i(\omega)$$

とおけば, $\eta = (\eta_1, \ldots, \eta_k)$ は M の局所座標系を与える. そして $\{(\theta^i),\ (\eta_i)\}$ は双対構造 $(\tilde{g}, \tilde{\nabla}^{(e)}, \tilde{\nabla}^*)$ に関する双対アファイン座標系をなす.

証明　写像 $\theta \mapsto \eta$ の Jacobi 行列を計算すると,

$$\begin{aligned}
\frac{\partial \eta_i}{\partial \theta^j} &= \sum_{\omega \in \Omega} (\partial_j p_\theta(\omega))\, F_i(\omega) \\
&= \sum_{\omega \in \Omega} (\partial_j p_\theta(\omega))\,(\partial_i \log p_\theta(\omega) + \partial_i \psi(\theta)) \\
&= \sum_{\omega \in \Omega} (\partial_j p_\theta(\omega))\,(\partial_i \log p_\theta(\omega)) \\
&= \tilde{g}_{ij}
\end{aligned}$$

となり, これは正定値対称行列であるから, 逆写像定理により η は局所座標系をなす. そして,

$$\tilde{g}_{ij} = \tilde{g}(\partial_i, \partial_j) = \tilde{g}\left(\partial_i, \frac{\partial \eta_k}{\partial \theta^j} \partial^k\right) = \tilde{g}(\partial_i, \partial^k)\,\tilde{g}_{kj}$$

より

$$\tilde{g}(\partial_i, \partial^k) = \delta_i^k$$

が分かり, さらにこの式を η_ℓ で偏微分すれば

$$0 = \frac{\partial}{\partial \eta_\ell}\,\tilde{g}(\partial_i, \partial^k) = \tilde{g}(\tilde{\nabla}^{(e)}_{\partial^\ell} \partial_i, \partial^k) + \tilde{g}(\partial_i, \tilde{\nabla}^*_{\partial^\ell} \partial^k) = \tilde{g}(\partial_i, \tilde{\nabla}^*_{\partial^\ell} \partial^k)$$

を得る. ここで第 3 の等号では, θ が $\tilde{\nabla}^{(e)}$-アファイン座標系であることを用いた. 上式が任意の i で成り立つことから

$$\tilde{\nabla}^*_{\partial^\ell} \partial^k = 0$$

が得られ，これから座標系 η が $\tilde{\nabla}^*$-アファイン座標系であることが分かる． $\qquad\square$

定理 5.5.2 に登場する局所座標系 $\eta = (\eta_i)$ を，指数型分布族 M の**期待値座標系**という．次章以降の具体例からも分かるように，$\mathcal{S}$ の $\nabla^{(e)}$-自己平行部分多様体である指数型分布族は，様々な分野で現れる重要な確率分布族である．

次に，$\mathcal{S}$ の $\nabla^{(m)}$-自己平行部分多様体についても簡単に言及しておこう．

定義

Ω 上の確率分布の族 $p_0(\omega), p_1(\omega), \ldots, p_k(\omega)$，および $\mathbb{R}^k$ の領域 H 上を動く k 次元パラメータ $\eta = (\eta_1, \ldots, \eta_k) \in H$ を用いて

$$p_\eta(\omega) = \sum_{i=1}^{k} \eta_i \, p_i(\omega) + \left(1 - \sum_{i=1}^{k} \eta_i\right) p_0(\omega) \qquad (5.22)$$

と表される確率分布族 $M = \{p_\eta \, ; \, \eta \in H\}$ を**混合型分布族**という．

上の定義において，対応関係 $\eta \mapsto p_\eta$ が 1 対 1 となるようにするため，通常は $k+1$ 個の確率分布族 $\{p_0, \ldots, p_k\}$ が 1 次独立であることも要請する．従って $\Omega = \{1, \ldots, n\}$ の場合，必然的に $k \leq n-1$ となる．以下では常にこの 1 次独立性を仮定する．

さて，(5.22) は，混合型分布族が $\mathcal{S}$ を包む $\mathbb{R}^n$ の自然なアファイン構造に関するアファイン部分空間（の開部分集合）に他ならないことを意味している．従って (5.19) より，$\mathcal{S}$ 自身も混合型分布族であることが分かるが，より一般に次が成り立つ．証明は定理 5.5.1 と全く同様である．

定理 5.5.3. $\mathcal{S}$ の部分多様体 M に対し，M が $\nabla^{(m)}$-自己平行部分多様体であるための必要十分条件は，M が混合型分布族であることである．

5.6 双対葉層構造

　前節で導入した指数型分布族と混合型分布族は，情報幾何学においてしばしば双対的な役割を果たす．本節ではその一端を紹介しよう．

　統計多様体 $(\mathcal{S}, g, \nabla^{(e)}, \nabla^{(m)})$ の $\nabla^{(e)}$-自己平行多様体である指数型分布族

$$M = \left\{ p_\theta(\omega) \in \mathcal{S} \,;\, \log p_\theta(\omega) = C(\omega) + \sum_{i=1}^{k} \theta^i F_i(\omega) - \psi(\theta) \right\} \tag{5.23}$$

が与えられたとする．定理 5.5.2 では

$$\eta_i := E_{p_\theta}[F_i]$$

で定まる M の期待値座標系 $\eta = (\eta_1, \ldots, \eta_k)$ を考えたが，ここでは視点を M から $\mathcal{S}$ 全体に移し，$\eta = (\eta_1, \ldots, \eta_k)$ を固定したときに定まる $\mathcal{S}$ の確率分布族

$$\Gamma_\eta := \{ q(\omega) \in \mathcal{S} \,;\, E_q[F_i] = \eta_i \ \ (i = 1, \ldots, k) \} \tag{5.24}$$

を考えてみよう．任意の $q, r \in \Gamma_\eta$ と任意の $\lambda \in [0, 1]$ に対し，

$$E_{\lambda q + (1-\lambda)r}[F_i] = \lambda E_q[F_i] + (1 - \lambda)E_r[F_i] = \eta_i \qquad (i = 1, \ldots, k)$$

だから $\lambda q + (1 - \lambda)r \in \Gamma_\eta$ であり，Γ_η は凸結合に関して閉じている．すなわち Γ_η は $\mathcal{S}$ の $\nabla^{(m)}$-自己平行部分多様体（混合型分布族）である．

定理 5.6.1. M と Γ_η が共有点を持つならば，その点において M と Γ_η は（Fisher 計量に関して）直交する．

　証明　共有点を $p_{\theta_*} \in M$ とする（図 5.2）．そして，Γ_η 上の任意の点 $q (\neq p_{\theta_*})$ と p_{θ_*} を結ぶ $\mathcal{S}$ の $\nabla^{(m)}$-測地線 $C_q = \{ r_t(\omega) \,;\, 0 \leq t \leq 1 \}$ を考えよう．ここで t は，q と p_{θ_*} の $\nabla^{(m)}$-アファイン座標 (5.19) の内分比を指定する $\nabla^{(m)}$-アファイン・パラメータとする（定理 3.7.3）．すると，$\nabla^{(m)}$-測地線 C_q は，$\mathcal{S}$ における直線の式として $r_t(\omega) = (1 - t)p_{\theta_*}(\omega) + t q(\omega)$ と書けるので，$t = 0$，すなわち点 p_{θ_*} における測地線 C_q の接ベクトル $\boldsymbol{v} = \left(\frac{d}{dt} \right)_{p_{\theta_*}}$ の m-表現は

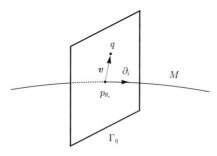

図 5.2 M と Γ_η は p_{θ_*} で直交する.

$$\frac{d}{dt} r_t(\omega) \bigg|_{t=0} = q(\omega) - p_{\theta_*}(\omega)$$

となる. ところで, 定理 3.7.1 より Γ_η は $\mathcal{S}$ の $\nabla^{(m)}$-全測地的部分多様体であるので, $\nabla^{(m)}$-測地線 C_q は Γ_η 上を走る. 従って上記接ベクトルは, 点 p_{θ_*} における Γ_η の接ベクトルである.

一方, 点 p_{θ_*} における M の接ベクトル $(\partial_i)_{p_{\theta_*}}$ の e-表現は, (5.23) より

$$\partial_i \log p_{\theta_*}(\omega) = F_i(\omega) - \partial_i \psi(\theta_*)$$

である. 従って (5.14) より

$$
\begin{aligned}
g_{p_{\theta_*}}(\boldsymbol{v}, \partial_i) &= \sum_{\omega \in \Omega} \{q(\omega) - p_{\theta_*}(\omega)\} \{F_i(\omega) - \partial_i \psi(\theta_*)\} \\
&= \left(\sum_{\omega \in \Omega} \{q(\omega) - p_{\theta_*}(\omega)\} F_i(\omega) \right) - \partial_i \psi(\theta_*) \sum_{\omega \in \Omega} \{q(\omega) - p_{\theta_*}(\omega)\} \\
&= \sum_{\omega \in \Omega} q(\omega) F_i(\omega) - \sum_{\omega \in \Omega} p_{\theta_*}(\omega) F_i(\omega) \\
&= \eta_i - \eta_i \\
&= 0
\end{aligned}
$$

となり, C_q は M と Fisher 計量に関して直交することが分かる. そして $q \in \Gamma_\eta$ は任意であるので, Γ_η と M が直交することが証明された.   □

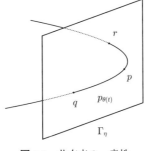

図 5.3 共有点の一意性

系 5.6.2. M と Γ_η が共有点を持つならば，それはただ 1 つである.

証明 共有点が 2 つあったとして，それらを q, r としよう（$q \neq r$）．点 q, r は共に $\nabla^{(e)}$-自己平行部分多様体 M 上にあるから，これらを結ぶ $\nabla^{(e)}$-測地線 $\{p_{\theta(t)}; 0 \leq t \leq 1\} \subset M$ が存在して $q = p_{\theta(0)}$，$r = p_{\theta(1)}$ となる（図 5.3）．そこで $p := p_{\theta(1/2)}$ とすると，定理 5.6.1 より曲線 pq も曲線 pr も共に Γ_η と直交するので，一般化 Pythagoras の定理 4.2.8 により

$$D(p\|q) + D(q\|r) = D(p\|r)$$

と

$$D(p\|r) + D(r\|q) = D(p\|q)$$

が同時に成り立つ．これより

$$D(q\|r) + D(r\|q) = 0$$

が分かり，ダイバージェンスの正値性より $q = r$ が結論されるが，これは仮定 $q \neq r$ に矛盾する. □

さて，定理 5.6.1 では $\eta \in \mathbb{R}^k$ を任意に固定して M と Γ_η の直交性を議論したが，$\eta \in \mathbb{R}^k$ をいろいろと動かせば，$\{\Gamma_\eta\}_{\eta \in \mathbb{R}^k}$ は互いに交わらない $\nabla^{(m)}$-自

己平行部分多様体の族をなす．しかも基準となる $\nabla^{(e)}$-自己平行部分多様体 M を上手に選べば，$\mathcal{S}$ の各点は $\{\Gamma_\eta\}_{\eta\in\mathbb{R}^k}$ のいずれかに属する．このように，互いに交わらない薄っぺらな部分多様体の族で空間全体を覆うことを葉層化というので，上記構造を次のようによぶことにしよう．

定義

確率分布空間 $\mathcal{S}$ を，ある k 次元 $\nabla^{(e)}$-自己平行部分多様体に直交する互いに交わらない $\nabla^{(m)}$-自己平行部分多様体の族 $\{\Gamma_\eta\}_{\eta\in\mathbb{R}^k}$ に分解したもの

$$\mathcal{S} = \bigsqcup_{\eta\in\mathbb{R}^k} \Gamma_\eta$$

を確率分布空間 $\mathcal{S}$ の**双対葉層化**という．

全く同様に，ある $\nabla^{(m)}$-自己平行部分多様体を元に，それに直交する互いに交わらない $\nabla^{(e)}$-自己平行部分多様体の族に確率分布空間 $\mathcal{S}$ を分解した双対葉層化も考えることができる．

【補足】 5.1 節で説明した Chentsov の定理は，Markov 不変な $(0,s)$ 型テンソル場 $(s=2,3)$ を特徴づけるものであったが，より一般に，Markov 不変な (r,s) 型テンソル場を特徴づけることも可能である．$\mathcal{S}_{n-1}$ 上で定義された (r,s) 型テンソル場 $F^{[n]}$ からなる列 $\{F^{[n]}; n=2,3,\dots\}$ が Markov 不変であるとは，任意の Markov 埋め込み $f:\mathcal{S}_{n-1}\to\mathcal{S}_{\ell-1}$ に対し，

$$F_p^{[n]}(\omega_1,\dots,\omega_r,X_1,\dots,X_s) = F_{f(p)}^{[\ell]}(\varphi_f^*\omega_1,\dots,\varphi_f^*\omega_r,f_*X_1,\dots,f_*X_s)$$

が成り立つこととする．ここに，$\varphi_f:\mathcal{S}_{\ell-1}\to\mathcal{S}_{n-1}$ は，$\varphi_f\circ f = \mathrm{id}$ を満たすアファイン写像であり，Markov 埋め込み f に付随する粗視化写像として一意に定まる．このとき，Markov 不変なテンソル場全体は，Fisher 計量による添字の上げ下げに関して閉じていることが証明できる．興味のある読者は原論文[13]を参照して頂きたい．

---

[13] A. Fujiwara, "Complementing Chentsov's characterization," in *Information Geometry and Its Applications*, Springer Proceedings in Mathematics & Statistics **252**, edited by N. Ay et al., pp. 335-347, Springer, 2018.

第 6 章

統計物理学への応用

　前章で確率分布空間の幾何構造を調べるうちに，エントロピーや相対エント
ロピーといった統計物理学に由来する量に自然に行き着いた．この事実は，統
計物理学自体，情報幾何学と深い関係があるのではないかという好奇心をかき
立てる．そこで本章では，情報幾何学の最初の応用例として，平衡統計物理学
にまつわる若干の話題を紹介しようと思う．統計物理学と情報幾何学の（あま
り知られていない）関連性について興味を持ってもらえることを期待している
が，本章の内容は後の章では用いないので，統計物理学の話題に不慣れな読者
は本章を飛ばしてもらって差し支えない．

6.1　最大エントロピー原理

　指数型分布族 (5.23) において，$k = 1$ とし，$F_1(\omega) = -H(\omega)$ とおく．そし
て，$\theta = 0$ で一様分布

$$u = \left(\frac{1}{n}, \ldots, \frac{1}{n} \right)$$

を通る 1 次元指数型分布族，すなわち $\nabla^{(e)}$-測地線

$$p_\theta(\omega) = e^{-\theta H(\omega) - \psi(\theta)} \tag{6.1}$$

を考える．定理 5.6.1 より，各 $\eta \in \mathbb{R}$ に対し，

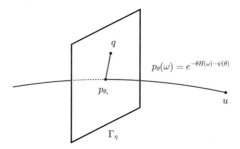

図 6.1　最大エントロピー原理

$$\Gamma_\eta = \{q \in \mathcal{S} \,;\, E_q[-H] = \eta\}$$

と測地線 (6.1) は交点 p_{θ_*} で直交する（図 6.1）．従って一般化された Pythagoras の定理 4.2.8 より

$$
\begin{aligned}
p_{\theta_*} &= \underset{q \in \Gamma_\eta}{\arg\min}\; D^{(e)}(u\|q) \\
&= \underset{q \in \Gamma_\eta}{\arg\min}\; D^{(m)}(q\|u) \\
&= \underset{q \in \Gamma_\eta}{\arg\min}\; \sum_{\omega \in \Omega} q(\omega) \log \frac{q(\omega)}{u(\omega)} \\
&= \underset{q \in \Gamma_\eta}{\arg\min}\; \{\log n - S(q)\} \\
&= \underset{q \in \Gamma_\eta}{\arg\max}\; S(q)
\end{aligned}
$$

を得る．ここに

$$S(q) := -\sum_{\omega \in \Omega} q(\omega) \log q(\omega)$$

は確率分布 q の Shannon エントロピーである．

　上記事実は，確率変数 $F_1(\omega) = -H(\omega)$ の期待値が一定という拘束条件

$$E_q[-H] = \eta$$

のもとで Shannon エントロピー $S(p)$ を最大にする確率分布 q は，拘束条件が定める $\nabla^{(m)}$-自己平行部分多様体 Γ_η へ一様分布 u から下ろした $\nabla^{(e)}$-垂線

の足 p_{θ_*} であることを意味している. ここで

$$\log Z(\theta) := \psi(\theta), \qquad \beta := \theta_* \tag{6.2}$$

と書き直せば, 上記結果は

$$\underset{q:\, E_q[H]=定数}{\arg\max} S(q) = p_\beta(\omega) = e^{-\beta H(\omega)-\psi(\beta)} = \frac{1}{Z(\beta)}\,e^{-\beta H(\omega)}$$

となって, "ハミルトニアン" H の期待値が一定という条件下でエントロピーを最大にする分布がカノニカル分布であるという**最大エントロピー原理**が再現される. なお, ここでは簡単のため $k=1$ としたが, $k \geq 2$ の場合を考えればグランドカノニカル分布が導かれることは明らかであろう.

ついでに**最小自由エネルギー原理**についても言及しておこう. 測地線の式 (6.1) の両辺の対数をとって p_θ に関する期待値をとれば

$$\psi(\theta) = S(p_\theta) - \theta E_{p_\theta}[H] \tag{6.3}$$

を得る. 従って, $\mathcal{S}$ の任意の確率分布 r と上記カノニカル分布 p_β の間の Kullback-Leibler ダイバージェンスは

$$
\begin{aligned}
D(r\|p_\beta) &= \sum_{\omega \in \Omega} r(\omega) \log \frac{r(\omega)}{p_\beta(\omega)} \\
&= -S(r) + \beta E_r[H] + \psi(\beta) \\
&= -\{S(r) - \beta E_r[H]\} + \{S(p_\beta) - \beta E_{p_\beta}[H]\}
\end{aligned}
$$

と表せる. ここで3番目の等号では (6.3) を用いた. よってダイバージェンスの正値性より

$$\max_{r \in \mathcal{S}}\{S(r) - \beta E_r[H]\} = S(p_\beta) - \beta E_{p_\beta}[H] \tag{6.4}$$

が成り立ち, しかも等号は $r = p_\beta$ のときのみ達成されることが分かる. ここで β は既知であり, しかも $\beta > 0$ であると仮定したうえで, $\mathcal{S}$ 上の汎関数

$$F(r) := E_r[H] - \frac{1}{\beta} S(r) \tag{6.5}$$

を導入しよう. すると関係 (6.4) は

$$p_\beta = \arg\min_{r \in \mathcal{S}} F(r)$$

と同値になる. 汎関数 (6.5) は Helmholtz の自由エネルギーに他ならない. つまり β が既知とすると, カノニカル分布は Helmholtz 自由エネルギーを (束縛条件なしに) $\mathcal{S}$ 上で最小化する確率分布としても特徴づけられるのである.

ところで, 上の議論において, 束縛条件つきの最大化問題 (最大エントロピー原理) から束縛条件なしの最小化問題 (最小自由エネルギー原理) に移行する際の鍵となったのがダイバージェンスの正値性である[1]. そしてダイバージェンスの正値性の背後にあるメカニズムは Legendre 変換であった (補題 4.2.5). そこで上記導出を Legendre 変換の視点から捉え直してみよう. 記号が混乱しないよう, $\nabla^{(e)}$-測地線 (6.1) のパラメータを ξ に書き直す. そして $\mathcal{S}$ の $\nabla^{(e)}$-アファイン座標系 $\theta = (\theta^1, \dots, \theta^{n-1})$ として, $\nabla^{(e)}$-自己平行部分多様体である測地線 p_ξ が $(\theta^1, \theta^2, \dots, \theta^{n-1}) = (\xi, 0, \dots, 0)$ と書けるような座標系をとる.

さて, ダイバージェンス $D(r\|p_\beta)$ の正値性は, Legendre 変換の関係式

$$\psi(\theta(p_\beta)) = \max_{r \in \mathcal{S}} \left\{ \theta^i(p_\beta)\eta_i(r) - \varphi(\eta(r)) \right\} \tag{6.6}$$

と同等であった. ここに

$$\theta^1(p_\beta) = \beta, \quad \theta^2(p_\beta) = \dots = \theta^{n-1}(p_\beta) = 0, \quad \eta_1(r) = E_r[F_1] = -E_r[H]$$

である. さらにポテンシャル $\varphi(\eta(r))$ は, 5.4 節で見たように確率分布 r の Shannon エントロピーの符号を変えたもの, すなわち

$$\varphi(\eta(r)) = -S(r)$$

であったから, "分配関数" $Z(\theta) = e^{\psi(\theta)}$ を用いて (6.6) を書き直すと,

$$\log Z(\theta(p_\beta)) = \max_{r \in \mathcal{S}} \left\{ -\beta\, E_r[H] + S(r) \right\}$$

となる. ここで再び β が既知であり, しかも $\beta > 0$ と仮定すれば, これは

---

[1] 通常は Lagrange の未定乗数法を用いて説明されることが多いが, それでは Legendre 変換との関連が分かりにくいので, ここではあえてダイバージェンスを用いた説明を行った.

$$-\frac{1}{\beta}\log Z(\theta(p_\beta)) = \min_{r\in\mathcal{S}}\left\{E_r[H] - \frac{1}{\beta}S(r)\right\}$$

と同等である．この右辺に登場するのは自由エネルギー (6.5) に他ならない．
そして最小値は $r = p_\beta$ のときかつそのときに限り達成されることが Legendre 変換 (6.6) の性質として分かっているので，まとめると

$$-\frac{1}{\beta}\log Z(\theta(p_\beta)) = \min_{r\in\mathcal{S}} F(r) = F(p_\beta)$$

という統計物理学で周知の関係式が導出される．

6.2 平均場近似

　統計物理学では，分配関数が厳密に計算できることは稀であるため，何らかの近似計算を行うことが多い．例えば Ising スピン系における Weiss の分子場近似や Bragg-Williams 近似，Bethe 近似などは，全系を独立同分布に従う (independent and identically distributed，略して i.i.d.) クラスターの族で近似する方法と見なすことができる．ここで各クラスターは，クラスター末端に位置するスピンが受ける場を未知パラメータとし，他のパラメータは全系のハミルトニアンの構造を真似して作った "有効" ハミルトニアンで記述されるものと仮定する．そして末端スピンに付随する未知パラメータは，いわゆる "自己無撞着性" を満たすように後づけで決定される，というのが標準的な処方箋であった．

　しかし，純粋に数学的な立場からは，有効ハミルトニアンを導入する際に，なぜ全系のハミルトニアンの構造を真似する必要があるのかという疑問が生ずる．例えば全系のハミルトニアンには存在しない長距離相互作用や多体相互作用を考慮することで，もっと良い近似が得られる可能性はないのだろうか？本節では，最も単純な 1 次元 Ising モデルを例にとり，対称性の高い系では確かに全系のハミルトニアンの構造を真似するのが最も良い近似となっていることを，情報幾何学の観点から説明しようと思う．

　ハミルトニアン

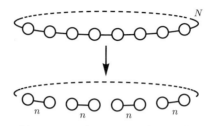

図 **6.2** N 個の Ising スピンからなる系を，隣接する n 個の
スピンからなる m 個のクラスターに分ける ($m \geq$
2)．各クラスターは独立同分布に従うと仮定する．

$$H := H(\{S_\xi\}) := -h \sum_{\xi=1}^{N} S_\xi - J \sum_{\xi=1}^{N} S_\xi S_{\xi+1} \qquad (J > 0)$$

を持つ N-スピン Ising リングを考えよう．ここに各確率変数 S_ξ ($1 \leq \xi \leq N$)
は $\{-1, +1\}$ に値をとるものとし，インデックス $\xi + 1$ は N を法として計算さ
れるものとする（つまり $N + 1 \equiv 1$ である）．対応するカノニカル分布を

$$q := q(\{S_\xi\}) := \exp\left[-\beta H - \tilde{\psi}(h, J)\right] \tag{6.7}$$

と書くことにする．ここに β は逆温度であり，$\tilde{\psi}(h, J)$ は分配関数の対数で
ある．確率分布 q は，幾何学的には N 個のスピンの確率分布全体からなる
$(2^N - 1)$-次元統計多様体 $\mathcal{P}_N$ 上の 1 点である．

　さて，N 個のスピン全体を，隣り合う n 個のスピンを一塊と見なした m 個
の塊（クラスター）に分解してみよう（図 6.2）．ここに $N = m \times n$ であり，
$m \geq 2$ とする．第 λ 番目のクラスターの第 i 番目のスピン $S_i^{(\lambda)}$ ($1 \leq i \leq n$,
$1 \leq \lambda \leq m$) は，もともとのリングにおける第 ξ スピン S_ξ であるものとし，
インデックスを

$$\xi = (\lambda - 1)n + i$$

によって対応づける．我々の問題は，各クラスターが i.i.d. と仮定したうえ
で，N スピン状態であるカノニカル分布 q を最も良く近似する n スピン状態
を探し出すことにある．

　n スピン系の任意の確率分布は次の指数型分布族の形に書ける．

$$\exp\left[\sum_{\ell=1}^{n}\sum_{1\le i_1 < i_2 < \cdots < i_\ell \le n} \theta^{\langle i_1 i_2 \cdots i_\ell \rangle} S_{i_1} S_{i_2} \cdots S_{i_\ell} - \psi(\theta)\right] \qquad (6.8)$$

ここに $\theta := (\theta^{\langle i_1 i_2 \cdots i_\ell \rangle})$ は実数パラメータであり, $\psi(\theta)$ は規格化因子である. 省略した記法

$$S_{\langle i_1 i_2 \cdots i_\ell \rangle} := S_{i_1} S_{i_2} \cdots S_{i_\ell}$$

を用いれば, 確率分布 (6.8) は

$$\exp\left[\theta^a S_a - \psi(\theta)\right]$$

と書くことができる. ここに添字 a は多重インデックス全体の集合

$$I = \bigcup_{\ell=1}^{n} I_\ell, \qquad I_\ell = \{\langle i_1 i_2 \cdots i_\ell \rangle \, ; \, 1 \le i_1 < i_2 < \cdots < i_\ell \le n\}$$

を走るものとする. ここで, 確率変数 $\{S_a\}_{a \in I}$ 全体に定数関数 $\mathbb{I}$ を加えた 2^n 個の関数全体は 1 次独立であることに注意しよう. 従って i.i.d. 拡張された m 個のクラスターの確率分布

$$p_\theta := p_\theta(\{S_\xi\}) := \prod_{\lambda=1}^{m} \exp\left[\theta^a S_a^{(\lambda)} - \psi(\theta)\right] \qquad (6.9)$$

全体の集合 $\mathcal{M}_n$ は, $\theta = (\theta^a)_{a \in I}$ を座標系とする $\mathcal{P}_N$ の $(2^n - 1)$-次元部分多様体と見なせる. 以下では, 各確率分布 p_θ をクラスター状態とよぶことにしよう.

あるクラスター状態 $p_\theta \in \mathcal{M}_n$ でカノニカル分布 q を近似する問題を数学的に定式化するため, 次の Kullback-Leibler ダイバージェンスを考えよう.

$$D(p_\theta \| q) = E_{p_\theta}\left[\log \frac{p_\theta}{q}\right]$$

前節で見たように,

$$D(p_\theta \| q) = \beta \left[F(p_\theta) - F(q)\right] \qquad (6.10)$$

と書き直すことができる. ここに F は $\mathcal{P}_N$ 全体で定義された Helmholtz 自由

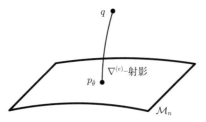

図 6.3 カノニカル分布 q を近似する $\mathcal{M}_n$ 上の点 $p_{\hat{\theta}}$ は,
関数 $p_\theta \mapsto D(p_\theta \| q)$ を最小にする点である.これ
は q から $\mathcal{M}_n$ へ下ろした $\nabla^{(e)}$-射影である.

エネルギー汎関数である.従って,$p_\theta \in \mathcal{M}_n$ に関して自由エネルギー $F(p_\theta)$ を最小化する問題は,$p_\theta \in \mathcal{M}_n$ に関して $D(p_\theta \| q)$ を最小化する問題と同等である.そして一般化 Pythagoras の定理 4.2.8 より,これは q から部分多様体 $\mathcal{M}_n$ へ下ろした $\nabla^{(e)}$-射影を求める問題に帰着される(図 6.3).我々は,$D(p_\theta \| q)$ を最小化する点 $p_{\hat{\theta}} \in \mathcal{M}_n$ をもって,カノニカル分布 $q \in \mathcal{P}_N$ を近似する点と見なすことにしよう.ところで,部分多様体 $\mathcal{M}_n$ は $\nabla^{(m)}$-自己平行でないので(実際,$\mathcal{M}_n$ は $\nabla^{(e)}$-自己平行である),近似点は必ずしも 1 つとは限らないことに注意.この事実は本節の最後でも再び触れる.

さて,クラスターのサイズが $n = 1$ のとき,この近似は Bragg-Williams 近似(あるいは Weiss の分子場近似)に他ならない.初等的な統計物理学の教科書では,$\nabla^{(e)}$-射影が必ずしも一意でないという事実が,対称性の破れた状態の存在,すなわち自発磁化の存在との関連で論じられることがある.一方 $n = 3$ のとき,$\mathcal{M}_3$ への $\nabla^{(e)}$-射影 $p_{\hat{\theta}}$ はいわゆる自己無撞着性 $E_{p_{\hat{\theta}}}[S_1^{(\lambda)}] = E_{p_{\hat{\theta}}}[S_2^{(\lambda)}]$ を満たさないことが示せるので,実はこの近似は Bethe 近似とは異なるものとなっている.

ここで採用した幾何学的アプローチは,近似の自然な階層構造[2]

$$\mathcal{M}_1 \subset \mathcal{M}_2 \subset \cdots \subset \mathcal{M}_n \subset \cdots.$$

を統一的に扱えるという意味で,従来のアドホックな近似方法よりも数学的に

---

[2]正確に述べると,系列 $\{\mathcal{M}_n\}_n$ は ℓ が k の倍数であるとき $\mathcal{M}_k \subset \mathcal{M}_\ell$ を満たすという意味で有向族をなしている.

自然であると思われる. 実際, この方法によれば, 次の興味深い事実を証明することができる.

定理 6.2.1. クラスターの大きさは $n \geq 2$ とし, $\mathcal{M}_n$ 上の関数 $\theta \mapsto D(p_\theta \| q)$ を最小化する点を $\hat{\theta}$ とする. このとき

$$\hat{\theta}^{\langle 1 \rangle} = \hat{\theta}^{\langle n \rangle}$$

$$\hat{\theta}^{\langle 2 \rangle} = \hat{\theta}^{\langle 3 \rangle} = \cdots = \hat{\theta}^{\langle n-1 \rangle} = \beta h$$

$$\hat{\theta}^{\langle 12 \rangle} = \hat{\theta}^{\langle 23 \rangle} = \cdots = \hat{\theta}^{\langle n-1,n \rangle} = \beta J$$

であり, 他のパラメータ値はすべてゼロである. そして, 唯一残っている未知パラメータ $\hat{\theta}^{\langle 1 \rangle}$ は次の方程式を満たす.

$$\hat{\theta}^{\langle 1 \rangle} = \beta \left(h + J E_{p_{\hat{\theta}}}[S_1] \right) \tag{6.11}$$

定理 6.2.1 は, 最良近似を与えるパラメータ値が, クラスターの境界に属するパラメータ $\theta^{\langle 1 \rangle}$ および $\theta^{\langle n \rangle}$ を除き, すべて全系のハミルトニアンのパラメータ値を遺伝させたものとなっていること, そして $\theta^{\langle 1 \rangle} (= \theta^{\langle n \rangle})$ は方程式 (6.11) によって決定されることを主張している.

注 6.2.2. クラスターの大きさが $n = 1$ の場合は, クラスター内にスピン間の結合がないため, 例外的な扱いとなる (注 6.2.4 を参照). 特に, パラメータ $\hat{\theta}^{\langle 1 \rangle}$ を決定する方程式は, 標準的な平均場方程式

$$\hat{\theta}^{\langle 1 \rangle} = \beta \left(h + 2 J E_{p_{\hat{\theta}}}[S_1] \right)$$

に帰着される. 以下では断らない限り, 常に $n \geq 2$ と仮定する.

定理 6.2.1 を証明しよう. 記号の簡単化のため, 逆温度 β をパラメータ h や J に繰り込んでしまうことにする. つまり以下の証明に登場する記号 h および J は, 実際には βh および βJ を表すものとする. まず

$$\log p_\theta = \sum_{\lambda=1}^{m} \ell^{(\lambda)}$$

に気をつける．ここに

$$\ell^{(\lambda)} := \theta^a S_a^{(\lambda)} - \psi(\theta) \qquad (\lambda = 1, \ldots, m)$$

は i.i.d. 確率変数である．規格化条件より，

$$E_{p_\theta}[\partial_a \ell^{(\lambda)}] = 0 \qquad (\forall a \in I,\ 1 \le \forall \lambda \le m) \tag{6.12}$$

が成り立つので，確率分布族 p_θ の Fisher 計量 $g = (g_{ab})$ は

$$g_{ab} := E_{p_\theta}\left[(\partial_a \log p_\theta)(\partial_b \log p_\theta)\right]$$
$$= \sum_{\lambda=1}^{m} E_{p_\theta}\left[\left(\partial_a \ell^{(\lambda)}\right)\left(\partial_b \ell^{(\lambda)}\right)\right]$$
$$= m E_{p_\theta}\left[\left(\partial_a \ell^{(1)}\right)\left(\partial_b \ell^{(1)}\right)\right]$$

となる．$\theta = (\theta^a)$ の双対座標系 $\eta = (\eta_a)$ は

$$\eta_a := \partial_a \psi(\theta) = E_{p_\theta}[S_a^{(\lambda)}]$$

で定義され，これは等式

$$\partial_a \ell^{(\lambda)} = S_a^{(\lambda)} - \eta_a \tag{6.13}$$

を満たす．

　さて，

$$\partial_a D(p_\theta \| q) = \partial_a \sum_{\{S_\xi\}} p_\theta \left(\log p_\theta - \log q\right)$$
$$= \sum_{\{S_\xi\}} p_\theta (\partial_a \log p_\theta)\left(\log p_\theta - \log q\right)$$

であるから，関数 $\theta \mapsto D(p_\theta \| q)$ が最小値をとるのは，直交性条件

$$E_{p_\theta}\left[(\log p_\theta - \log q)(\partial_a \log p_\theta)\right] = 0 \qquad (\forall a \in I) \tag{6.14}$$

が成り立つときに限られる．方程式 (6.14) を評価するために，補助的な変数 $x = (x^a)_{a \in I}$ および $y = (y^a)_{a \in I}$ を以下のように導入する．

$$x^a = \begin{cases} \theta^{\langle i \rangle} - h, & a = \langle i \rangle \\ \theta^{\langle ij \rangle} - J, & a = \langle ij \rangle \text{ かつ } j = i+1 \\ \theta^{\langle ij \rangle}, & a = \langle ij \rangle \text{ かつ } j > i+1 \\ \theta^{\langle i_1 i_2 \cdots i_\ell \rangle}, & a = \langle i_1 i_2 \cdots i_\ell \rangle \text{ かつ } \ell \geq 3 \end{cases}$$

$$y^a = \begin{cases} \eta_{\langle n \rangle}, & a = \langle 1 \rangle \\ \eta_{\langle 1 \rangle}, & a = \langle n \rangle \\ 0, & \text{その他} \end{cases}$$

補題 6.2.3. 条件 (6.14) は以下の方程式と同値である.

$$x^a = J y^a \qquad (\forall a \in I)$$

証明 カノニカル状態 (6.7) を次のように書き直す.

$$\log q = h \sum_{\xi=1}^{N} S_\xi + J \sum_{\xi=1}^{N} S_\xi S_{\xi+1} - \tilde{\psi}(h, J)$$

$$= \sum_{\lambda=1}^{m} \left\{ h \sum_{i=1}^{n} S_i^{(\lambda)} + J \sum_{i=1}^{n-1} S_i^{(\lambda)} S_{i+1}^{(\lambda)} + J S_n^{(\lambda)} S_1^{(\lambda+1)} \right\} - \tilde{\psi}(h, J)$$

ここに上つき添字 $\lambda+1$ は m を法として考える. 従って (6.9) より

$$\log p_\theta - \log q = \sum_{\lambda=1}^{m} \left\{ \sum_{i=1}^{n} \left(\theta^{\langle i \rangle} - h \right) S_{\langle i \rangle}^{(\lambda)} + \sum_{i=1}^{n-1} \left(\theta^{\langle i, i+1 \rangle} - J \right) S_{\langle i, i+1 \rangle}^{(\lambda)} \right.$$

$$\left. - J S_{\langle n \rangle}^{(\lambda)} S_{\langle 1 \rangle}^{(\lambda+1)} + \sum_{j > i+1} \theta^{\langle ij \rangle} S_{\langle ij \rangle}^{(\lambda)} + \sum_{|b| \geq 3} \theta^b S_b^{(\lambda)} \right\}$$

$$- m\psi(\theta) + \tilde{\psi}(h, J)$$

$$= \sum_{\lambda=1}^{m} \left\{ L^{(\lambda)} - J S_{\langle n \rangle}^{(\lambda)} S_{\langle 1 \rangle}^{(\lambda+1)} \right\} - m\psi(\theta) + \tilde{\psi}(h, J)$$

を得る. ここに

$$L^{(\lambda)} := \sum_{i=1}^{n} \left(\theta^{\langle i \rangle} - h \right) S_{\langle i \rangle}^{(\lambda)} + \sum_{i=1}^{n-1} \left(\theta^{\langle i,i+1 \rangle} - J \right) S_{\langle i,i+1 \rangle}^{(\lambda)}$$

$$+ \sum_{j>i+1} \theta^{\langle ij \rangle} S_{\langle ij \rangle}^{(\lambda)} + \sum_{|b| \geq 3} \theta^b S_b^{(\lambda)}$$

である．従って条件式 (6.14) は次のように書き直せる．

$$E_{p_\theta} \left[\left(\sum_{\lambda=1}^{m} L^{(\lambda)} \right) \left(\sum_{\mu=1}^{m} \partial_a \ell^{(\mu)} \right) \right] = E_{p_\theta} \left[\left(\sum_{\lambda=1}^{m} J S_{\langle n \rangle}^{(\lambda)} S_{\langle 1 \rangle}^{(\lambda+1)} \right) \left(\sum_{\mu=1}^{m} \partial_a \ell^{(\mu)} \right) \right]$$

この変形では，恒等式 (6.12) を利用し，$\psi(\theta)$ と $\tilde{\psi}(h,J)$ はスピン変数 $\{S_a^{(\lambda)}\}$ に依存しない定数関数であることを用いた．さて，異なるクラスターに属する確率変数は独立であることから，上式はさらに

$$\sum_{\lambda=1}^{m} E_{p_\theta} \left[L^{(\lambda)} \partial_a \ell^{(\lambda)} \right] = J \sum_{\lambda=1}^{m} E_{p_\theta} \left[S_{\langle n \rangle}^{(\lambda)} S_{\langle 1 \rangle}^{(\lambda+1)} \left(\partial_a \ell^{(\lambda)} + \partial_a \ell^{(\lambda+1)} \right) \right] \quad (6.15)$$

と同値である．

初めに，方程式 (6.15) の右辺を計算しよう．関係式 (6.13) を用いると，

$$(\text{右辺}) = J \sum_{\lambda=1}^{m} E_{p_\theta} \left[\left(\partial_{\langle n \rangle} \ell^{(\lambda)} + \eta_{\langle n \rangle} \right) \left(\partial_{\langle 1 \rangle} \ell^{(\lambda+1)} + \eta_{\langle 1 \rangle} \right) \left(\partial_a \ell^{(\lambda)} + \partial_a \ell^{(\lambda+1)} \right) \right]$$

$$= J \sum_{\lambda=1}^{m} \left\{ E_{p_\theta} \left[\left(\partial_{\langle n \rangle} \ell^{(\lambda)} + \eta_{\langle n \rangle} \right) \left(\partial_a \ell^{(\lambda)} \right) \right] E_{p_\theta} \left[\partial_{\langle 1 \rangle} \ell^{(\lambda+1)} + \eta_{\langle 1 \rangle} \right] \right.$$

$$\left. + E_{p_\theta} \left[\partial_{\langle n \rangle} \ell^{(\lambda)} + \eta_{\langle n \rangle} \right] E_{p_\theta} \left[\left(\partial_{\langle 1 \rangle} \ell^{(\lambda+1)} + \eta_{\langle 1 \rangle} \right) \left(\partial_a \ell^{(\lambda+1)} \right) \right] \right\}$$

$$= J \left(g_{a\langle n \rangle} \eta_{\langle 1 \rangle} + g_{a\langle 1 \rangle} \eta_{\langle n \rangle} \right)$$

$$= J g_{ab} y^b \quad (6.16)$$

を得る．全く同様にして，(6.15) の左辺は次のように計算される．

$$(\text{左辺}) = \sum_{i=1}^{n} g_{a\langle i \rangle} \left(\theta^{\langle i \rangle} - h \right) + \sum_{i=1}^{n-1} g_{a\langle i,i+1 \rangle} \left(\theta^{\langle i,i+1 \rangle} - J \right)$$

$$+ \sum_{j>i+1} g_{a\langle ij \rangle} \theta^{\langle ij \rangle} + \sum_{|b| \geq 3} g_{ab} \theta^b$$

$$= g_{ab}\, x^b.$$

以上まとめると，方程式 (6.14) は

$$g_{ab}\, x^b = J g_{ab}\, y^b \qquad (\forall a \in I)$$

と同値であることが分かる．さて，計量 g は正定値であるから，上式はさらに

$$x^a = J y^a \qquad (\forall a \in I)$$

と同値であることが分かり，補題が証明された． □

補題 6.2.3 より，条件式 (6.14) を満たす $\theta = \hat{\theta}$ は

$$\hat{\theta}^{\langle 1 \rangle} = h + J\hat{\eta}_{\langle n \rangle}$$

$$\hat{\theta}^{\langle n \rangle} = h + J\hat{\eta}_{\langle 1 \rangle}$$

$$\hat{\theta}^{\langle 2 \rangle} = \hat{\theta}^{\langle 3 \rangle} = \cdots = \hat{\theta}^{\langle n-1 \rangle} = h$$

$$\hat{\theta}^{\langle 12 \rangle} = \hat{\theta}^{\langle 23 \rangle} = \cdots = \hat{\theta}^{\langle n-1,n \rangle} = J$$

であって，他のパラメータ値はすべてゼロであることが結論される．

注 6.2.4. 上の証明中，仮定 $n \geq 2$ が用いられたのは，(6.16) の最後の等号である．もし $n = 1$ であるならば，(6.16) の最後の式は $2J g_{a\langle 1 \rangle} \eta_{\langle 1 \rangle}$ となり，これから（注 6.2.2. で述べたように）平均場方程式 $\hat{\theta}^{\langle 1 \rangle} = h + 2J\hat{\eta}_{\langle 1 \rangle}$ が導出される．

注 6.2.5. 補題 6.2.3 で用いた議論を一般化して，Ising 系に限らない長距離相互作用あるいは多体相互作用を有する系に対しても，周期 n を持つ限りハミルトニアンが遺伝的性質を持つことを示すことができる．

定理 6.2.1 の証明を完成させるためには，次の補題を証明すればよい．

補題 6.2.6. $\theta^{\langle 1 \rangle}$ と $\theta^{\langle n \rangle}$ 以外は上記で与えられるものとし，連立方程式

$$\begin{cases} \theta^{\langle 1 \rangle} - h + J\eta_{\langle n \rangle} \\ \theta^{\langle n \rangle} = h + J\eta_{\langle 1 \rangle} \end{cases}$$

を考える. 強磁性 $J > 0$ の場合, 唯一の対称解

$$\theta^{\langle 1 \rangle} = \theta^{\langle n \rangle}$$

を持つ.

証明　連立方程式より

$$\theta^{\langle 1 \rangle} - \theta^{\langle n \rangle} = -J \left(\eta_{\langle 1 \rangle} - \eta_{\langle n \rangle} \right) = -J \left(\frac{\partial}{\partial \theta^{\langle 1 \rangle}} - \frac{\partial}{\partial \theta^{\langle n \rangle}} \right) \psi(\theta) \qquad (6.17)$$

となるので, 座標変換 $(\theta^{\langle 1 \rangle}, \theta^{\langle n \rangle}) \mapsto (X, Y) := (\theta^{\langle 1 \rangle} - \theta^{\langle n \rangle}, \theta^{\langle 1 \rangle} + \theta^{\langle n \rangle})$ を施すと, (6.17) は

$$X = -2J \frac{\partial \psi}{\partial X} \qquad (6.18)$$

と同値である. 関数 $\psi(\theta)$ は θ に関して狭義凸であるから, $\partial^2 \psi / \partial X^2 > 0$ であり, 従って $X \mapsto \partial \psi / \partial X$ は単調増加関数である. しかも, 関数 $\psi(\theta)$ は $\theta^{\langle 1 \rangle}$ と $\theta^{\langle n \rangle}$ について対称であるので,

$$\left. \frac{\partial \psi}{\partial X} \right|_{X=0} = 0$$

を満たす. 従って, 各 Y に対し, 方程式 (6.18) は唯一の解 $X = 0$ を持つ.　□

　以上で定理 6.2.1 の証明は完了した. さて, 補題 6.2.6 で保証される対称解, すなわち $\nabla^{(e)}$-垂線の足は, 系の温度が十分低温で $\beta J > 1$ となっている場合, Weiss の分子場近似と同様に複数存在することが証明できる. 全スピン数 N およびクラスターのサイズ n がどんなに大きくてもこの現象が生じるということは, 1 次元 Ising 系が相転移を起こさないという事実と矛盾するのではないかと考える読者もいるかもしれない. しかし実は, 統計的仮説検定の視点から解析することにより, これらの確率分布が統計的に識別できないことが証明できるのである. 興味のある読者は原論文[3]を参照して頂きたい.

[3] A. Fujiwara and S. Shuto, "Hereditary structure in Hamiltonians: Information geometry of Ising spin chains," *Physics Letters A*, Vol. 374 (2010) pp. 911-914.

第7章

統計的推論への応用

　計量に関して互いに双対な2つのアファイン接続を同時に考えるという情報幾何学の着想の原点は統計学にあった．情報幾何学が，単なる数学的一般化を志向する過程で誕生したのではなく，我々を現実世界と結びつける統計学を足がかりに，その推論の本質を数学的に抽象する過程で誕生した点は示唆に富んでいる．本章では改めて原点に立ち戻り，統計学の2本の柱である推定と検定を題材に，情報幾何学が統計的推論においていかに有用な視点を提供するかを紹介する．

7.1　統計的パラメータ推定

　d 次元パラメータ ξ で指定される確率分布の族

$$M = \{p_\xi(\omega) \in \mathcal{S}_{n-1}\,;\, \xi = (\xi^1, \ldots, \xi^d) \in \Xi\}$$

を考えよう．ここに $1 \leq d \leq n-1$ で，かつ Ξ は $\mathbb{R}^d$ の領域とする．以下では簡単のため，M が ξ を局所座標系とする $\mathcal{S}_{n-1}$ の部分多様体と見なせる状況を考える．こうして定まる確率分布の族 M を，パラメータ ξ を持つ Ω 上の d 次元**統計的モデル**という．統計的モデル M を語るとき，単に多様体としての集合 M を考えるのではなく，局所座標系 ξ も込みで考えている点に注意．言い換えれば，多様体としては同一であったとしても，異なる局所座標系を用い

た場合は異なる統計的モデルと見なす.

例 7.1.1(正規分布族).Ω が無限集合になってしまうので,この文脈で述べる例としては少々不適切なのだが[1],統計学において最も基本的な確率分布族の 1 つが正規分布なので,統計的モデルの例として紹介しておく.$\Omega = \mathbb{R}$,$d = 2$ とし,Ξ を $\mathbb{R}^2$ の上半平面とするとき,Ω 上の正規分布の族

$$p_\xi(x) = \frac{1}{\sqrt{2\pi}\,\sigma} \exp\left[-\frac{(x-\mu)^2}{2\sigma^2}\right] \qquad (x \in \mathbb{R})$$

は,$\xi = (\mu, \sigma) \in \Xi$ をパラメータとする $\mathbb{R}$ 上の 2 次元統計的モデルである.もし

$$\theta^1 := \frac{\mu}{\sigma^2}, \qquad \theta^2 := \frac{1}{2\sigma^2}$$

で定義される "座標変換" $\xi = (\mu, \sigma) \mapsto \theta = (\theta^1, \theta^2)$ を施して,正規分布族を

$$p_\theta(x) = \exp\left[\theta^1 x - \theta^2 (x)^2 - \left\{\frac{(\theta^1)^2}{4\theta^2} + \frac{1}{2}\log\left(\frac{\pi}{\theta^2}\right)\right\}\right]$$

と書き直すとき,$\{p_\theta\}_\theta$ と $\{p_\xi\}_\xi$ は,集合としては同じだが,統計的モデルとしては異なるものと見なす.なお

$$F_1(x) := x, \quad F_2(x) := -(x)^2, \quad \psi(\theta) := \frac{(\theta^1)^2}{4\theta^2} + \frac{1}{2}\log\left(\frac{\pi}{\theta^2}\right)$$

とおけば

$$p_\theta(x) = \exp\left[\theta^1 F_1(x) + \theta^2 F_2(x) - \psi(\theta)\right]$$

と書けるので,モデル $\{p_\theta\}_\theta$ は指数型分布族である.そして適当に座標変換すれば $\{p_\xi\}_\xi$ もこの形に書けるという意味で,$\{p_\xi\}_\xi$ も指数型分布族である[2].

例 7.1.2(コイン投げ).もっと身近な例としてコイン投げを考えてみよう.

---

[1]Ω が無限集合の場合,Ω 上の確率測度全体の集合 $\mathcal{S}$ を双対平坦多様体と自然に見なすことができないのである.もちろん,正規分布の外側の世界 $\mathcal{S}$ などを考えず,正規分布全体の集合 M 自身を多様体と見なす限りにおいては問題は生じない.

[2]定理 5.5.1 で,$\mathcal{S}$ の部分多様体 M が $\nabla^{(e)}$-自己平行であるための必要十分条件は M が指数型分布族であることという言い回しを使ったことからも分かるように,指数型分布族とは(少なくとも本書においては)多様体としての属性を意味する術語であって,パラメトリゼーションを含めた統計的モデルに対する術語ではない.

裏と表をそれぞれ 0 と 1 というラベルで表し，表の出る確率を ξ とすれば，1次元パラメータ $\xi \in (0,1)$ を持つ $\Omega = \{0,1\}$ 上の統計的モデル

$$p_\xi(\omega) = \begin{cases} 1 - \xi, & \omega = 0 \\ \xi, & \omega = 1 \end{cases}$$

が得られる[3]．この確率分布族は，集合としては Ω 上の確率分布全体の集合 $\mathcal{S}_1$ に一致するので，指数型分布族であると同時に混合型分布族でもある（定理 5.5.1 および定理 5.5.3）．

さて，着目するシステムが確率分布族 $\{p_\xi\}_\xi$ に属する確率分布のどれか 1 つに従ってデータを生成しているのだが，真の確率分布は未知であるという状況を考えよう．このとき，測定データに基づき真の確率分布に対応するパラメータ値 ξ を推定する問題を**統計的パラメータ推定問題**という．実際に推定を行う場合，統計的に独立な何回かの実験を行い，その測定データに基づいて推定を行うのが普通である．例えば実験回数が N 回だったとしよう．すると測定データは直積集合 Ω^N の 1 点に対応し，この測定データから Ξ のある値を対応づける作業が推定である．そこで推定量を次のように定義する．

> **定義**
>
> 確率変数 $\hat{\xi}_N : \Omega^N \to \Xi$ を，パラメータ ξ の**推定量**という．

さて，推定量は基本的にはどんな写像であってもよい．例えば上のコイン投げの例において，どんなデータが得られても $\frac{1}{2}$ という値を与える定値写像も推定量である．しかしこんな投げやりな推定量は全く使い物にならないことは明らかであろう．そこで通常は，推定量のクラスを制限して考えることが多い．その中でも標準的なものが，平均としては真のパラメータ値を与えるような推定量である．

> **定義**
>
> すべての $\xi \in \Xi$ に対して推定量の期待値が真のパラメータ値 ξ に一致

---

[3]これまでの話の流れからすると，$\Omega = \{1,2\}$ とラベルづけすべきであろうが，情報理論などではコイン投げといえば $\{0,1\}$ 上で考えることが多いので，ここではその流れに沿って $\Omega = \{0,1\}$ とする流儀を採用した．なお，物理で 2 準位系を考えるときなどは $\Omega = \{-1,+1\}$ とするのが標準的である．今後もラベルづけは適宜変更して用いる．

する推定量，すなわち

$$E_{p_\xi}[\hat{\xi}] = \sum_{x \in \Omega^N} p_\xi^{\otimes N}(x)\,\hat{\xi}_N(x) = \xi \qquad (\forall \xi \in \Xi)$$

を満たす推定量 $\hat{\xi}_N : \Omega^N \to \Xi$ を**不偏推定量**という．ここに $p_\xi^{\otimes N}$ は

$$p_\xi^{\otimes N}(\omega_1, \dots, \omega_N) := p_\xi(\omega_1) \cdots p_\xi(\omega_N) \qquad (\forall(\omega_1, \dots, \omega_N) \in \Omega^N)$$

で定義される p_ξ の i.i.d. 拡張である．

ところで，i.i.d. 拡張された確率分布族 $\{p_\xi^{\otimes N}\}_\xi$ 自身を1つの統計的モデルと見なし，$x = (\omega_1, \dots, \omega_N)$ を1回の測定データと見なすこともできるので，実験回数 N を固定して考える場合には $N = 1$ としても一般性は失われない．そこで本節では，記号の簡単化のため，例を除き，$N = 1$ の場合のみを扱うことにしよう．

さて，推定量を不偏推定量に限ったとしても，各モデルに対して不偏推定量は一般にいくらでもあるので，不偏推定量の中で最も良い推定量は何かという問題が生じる．その際に問題となるのが，推定量の良し悪しを測る基準である．基準の取り方によって，一般に最適な推定量も変わってしまうからである．どのような基準をとるかについては様々な考え方があるが，ここでは統計学における1つの伝統的基準である分散・共分散

$$\left(V_{p_\xi}[\hat{\xi}]\right)^{ij} := E_{p_\xi}\left[\left(\hat{\xi}^i - E_{p_\xi}[\hat{\xi}^i]\right)\left(\hat{\xi}^j - E_{p_\xi}[\hat{\xi}^j]\right)\right]$$

を採用することにする．そして，この量を第 (i,j) 成分とする分散・共分散行列 $V_{p_\xi}[\hat{\xi}]$ をできるだけ小さくする不偏推定量 $\hat{\xi}$ を探すという問題を考えよう．この問題に決定的方向性を与えるのが次の定理である．

定理 7.1.3（Cramér-Rao）．モデル $M = \{p_\xi; \xi \in \Xi\}$ の任意の不偏推定量 $\hat{\xi}$ に対し，不等式

$$V_{p_\xi}[\hat{\xi}] \geq J(\xi)^{-1} \tag{7.1}$$

が成り立つ．ここで右辺に登場する行列 $J(\xi)$ は，その第 (i,j) 成分が

$$(J(\xi))_{ij} := \sum_{\omega \in \Omega} p_\xi(\omega) \left(\frac{\partial}{\partial \xi^i} \log p_\xi(\omega) \right) \left(\frac{\partial}{\partial \xi^j} \log p_\xi(\omega) \right) \qquad (7.2)$$

すなわち局所座標系 $\xi = (\xi^i)$ に関する Fisher 計量 g の成分 $g(\partial_i, \partial_j)$ として定まる行列である. また, 行列の不等号は, (左辺) $-$ (右辺) が非負定値であることを意味する.

定義

不等式 (7.1) を **Cramér-Rao 不等式**といい, 行列 $J(\xi)$ をモデル M の **Fisher 情報行列**という.

Cramér-Rao 不等式の意味について考えてみよう. 左辺の分散・共分散行列 $V_{p_\xi}[\hat{\xi}]$ は推定量 $\hat{\xi}$ の分散・共分散をリストしたものであるから, 推定量 $\hat{\xi}$ の選び方に (当然!) 依存する. しかし, 右辺の Fisher 情報行列の逆行列 $J(\xi)^{-1}$ は推定量 $\hat{\xi}$ の選び方によらず, モデル M だけから定まる量である. そして Cramér-Rao 不等式は, 不偏推定量 $\hat{\xi}$ をどのようにうまく選んだとしても, $V_{p_\xi}[\hat{\xi}]$ を $J(\xi)^{-1}$ より小さくすることはできないと主張しているのである. 従って, もし Cramér-Rao の下界 $J(\xi)^{-1}$ を達成する不偏推定量があれば, それが最も良い不偏推定量ということになる.

証明 点 $p_\xi \in M$ における $\mathcal{S}$ の接空間 $T_{p_\xi}\mathcal{S}$ の e-表現 $T_{p_\xi}^{(e)}\mathcal{S}$ に内積

$$\langle A, B \rangle_{p_\xi} := \sum_{\omega \in \Omega} p_\xi(\omega) \, A(\omega) \, B(\omega) \qquad (A, B \in T_{p_\xi}^{(e)}\mathcal{S}) \qquad (7.3)$$

を導入して, $T_{p_\xi}^{(e)}\mathcal{S}$ を実内積空間と見なす. さらに, Fisher 情報行列の逆行列 $J(\xi)^{-1}$ の第 (i, j) 成分を J^{ij} と書き,

$$L_i := \partial_i \log p_\xi, \qquad L^i := J^{ij} L_j$$

とおく. このとき, 不偏性条件 $E_{p_\xi}[\hat{\xi}] = \xi$ は, すべての点 $\xi \in \Xi$ とすべての i, j に対し

$$\langle \hat{\xi}^i - \xi^i, \, L^j \rangle_{p_\xi} = \langle L^i, \, L^j \rangle_{p_\xi} \qquad (7.4)$$

が成り立つことと同値である. 実際, 条件式 $\xi^i = E_{p_\xi}[\hat{\xi}^i]$ の両辺を ξ^j で偏微

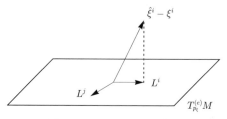

図 7.1　Cramér-Rao の定理

分すれば

$$\delta_j^i = \sum_{\omega \in \Omega} \left(\partial_j p_\xi(\omega) \right) \hat{\xi}^i(\omega)$$

$$= \sum_{\omega \in \Omega} \left(\partial_j p_\xi(\omega) \right) \left(\hat{\xi}^i(\omega) - \xi^i \right)$$

$$= \sum_{\omega \in \Omega} p_\xi(\omega) \left(\partial_j \log p_\xi(\omega) \right) \left(\hat{\xi}^i(\omega) - \xi^i \right)$$

となるので

$$\langle \hat{\xi}^i - \xi^i, L_j \rangle_{p_\xi} = \delta_j^i$$

が分かり，これより

$$\langle \hat{\xi}^i - \xi^i, L^j \rangle_{p_\xi} = J^{jk} \langle \hat{\xi}^i - \xi^i, L_k \rangle_{p_\xi} = J^{jk} \delta_k^i = J^{ji} = \langle L^i, L^j \rangle_{p_\xi}$$

が導かれる．

　さて，確率変数の組 $\{L_i\}_i$，従って $\{L^i\}_i$ は M の接空間 $T_{p_\xi}^{(e)} M$ の基底であるから，関係式 (7.4) は $T_{p_\xi}^{(e)} \mathcal{S}$ の元 $\hat{\xi}^i - \xi^i$ を $T_{p_\xi}^{(e)} M$ 上に（内積 (7.3) に関して）正射影したものが L^i であることを意味している（図 7.1）．従って任意の $(a_1, \ldots, a_d) \in \mathbb{R}^d$ に対し，$T_{p_\xi}^{(e)} \mathcal{S}$ の元

$$\sum_i a_i \left(\hat{\xi}^i - \xi^i \right)$$

を $T_{p_\xi}^{(e)} M$ 上に正射影したものが

$$\sum_i a_i L^i$$

であるので，射影に関するノルムの単調性より

$$\left\| \sum_i a_i \left(\hat{\xi}^i - \xi^i \right) \right\|^2 \geq \left\| \sum_i a_i L^i \right\|^2$$

を得る．これは 2 次形式としての不等式

$$\sum_{ij} a_i a_j (V_{p_\xi}[\hat{\xi}])^{ij} \geq \sum_{ij} a_i a_j J^{ij}$$

を意味するので，行列不等式 (7.1) を得る．　　　　　　　　　　　$\square$

例 7.1.4（コイン投げ：続き）．Cramér-Rao 不等式の例として，例 7.1.2 で
扱ったコイン投げ

$$p_\xi(\omega) = \begin{cases} 1 - \xi, & \omega = 0 \\ \xi, & \omega = 1 \end{cases}$$

を N 回独立に行ったモデル $p_\xi^{\otimes N}$ を考えよう．その確率分布は

$$p_\xi^{\otimes N}(\omega_1, \ldots, \omega_N) = (1 - \xi)^{\#0}\, \xi^{\#1}$$

で与えられる．ここに $\#0$ と $\#1$ はそれぞれ $\omega_1, \ldots, \omega_N$ の中に現れる 0 およ
び 1 の数である．$\#1 = k$ とおけば，$\#0 = N - k$ であるから，統計的モデル
$\{p_\xi^{\otimes N}; \xi \in (0,1)\}$ の Fisher 情報量[4]は

$$\begin{aligned}
J(\xi) &= E_{p_\xi^{\otimes N}}\left[\left(\frac{d}{d\xi} \log p_\xi^{\otimes N} \right)^2 \right] \\
&= \sum_{k=0}^{N} \binom{N}{k} (1-\xi)^{N-k}\, \xi^k \left[(N-k)\left(\frac{-1}{1-\xi} \right) + k\left(\frac{1}{\xi} \right) \right]^2 \\
&= \frac{N}{\xi(1-\xi)}
\end{aligned}$$

と計算される．よって，不偏推定量 $\hat{\xi}_N : \{0,1\}^N \to (0,1)$ に関する Cramér-
Rao 不等式は

---

[4]$d = 1$ の場合，Fisher 情報行列とはいわず Fisher 情報量という．なお，ここでの計算は定義
通りに正直に計算したものだが，通常は N 次 i.i.d. 拡張モデル $p_\xi^{\otimes N}$ の Fisher 情報量は，$N = 1$
に対応するもともとのモデル p_ξ の Fisher 情報量の N 倍になるという性質を用いて計算する．

$$V_{p_\xi^{\otimes N}}[\hat{\xi}_N] \geq \frac{\xi(1-\xi)}{N}$$

となる．ところで ξ はコイン投げで表（$\omega = 1$）の出る確率であるから，その推定量として真っ先に思いつくのは

$$\hat{\xi}_N(\omega_1, \ldots, \omega_N) = \frac{\#1}{N} = \frac{\omega_1 + \cdots + \omega_N}{N}$$

であろう．これは

$$E_{p_\xi^{\otimes N}}[\hat{\xi}_N] = \sum_{k=0}^{N} \binom{N}{k} (1-\xi)^{N-k} \xi^k \left(\frac{k}{N}\right) = \xi$$

なので不偏推定量である．しかも

$$V_{p_\xi^{\otimes N}}[\hat{\xi}_N] = \sum_{k=0}^{N} \binom{N}{k} (1-\xi)^{N-k} \xi^k \left(\frac{k}{N} - \xi\right)^2 = \frac{\xi(1-\xi)}{N} = J(\xi)^{-1}$$

が成り立つ[5]．つまり，上記推定量 $\hat{\xi}_N$ は，すべての $\xi \in (0,1)$ で Cramér-Rao の下界を一様に達成する不偏推定量となっている．

> **定義**
>
> ある不偏推定量 $\hat{\xi}$ が存在して，すべての $\xi \in \Xi$ に対して $V_{p_\xi}[\hat{\xi}] = J(\xi)^{-1}$ が成立するとき，$\hat{\xi}$ をモデル M の **有効推定量** という．

上記コイン投げモデルでは，$\hat{\xi}_N$ が有効推定量であった．一般の統計的モデルでも有効推定量が存在するのだろうか．答えは否である．実は次が成り立つ．

> **定理 7.1.5.** モデル $M = \{p_\xi\}$ のパラメータ ξ に有効推定量が存在するための必要十分条件は，M が指数型分布族であって，ξ がその期待値座標系であることである．

証明　まず必要性を示そう．Cramér-Rao の定理 7.1.3 の証明より，不偏推

---

[5] これも通常は $V_{p_\xi^{\otimes N}}[\hat{\xi}_N] = \frac{1}{N} V_{p_\xi}[\hat{\xi}_1]$ という性質を用いて計算する．

定量 $\hat{\xi}$ が点 p_ξ で下界を達成するための必要十分条件は

$$\hat{\xi}^i(\omega) - \xi^i = J^{ij}\partial_j \log p_\xi(\omega) \tag{7.5}$$

であるが，推定量の不偏性から，これは

$$\hat{\xi}^i(\omega) - E_{p_\xi}[\hat{\xi}^i] = J^{ij}\partial_j \log p_\xi(\omega)$$

と書き直せる．さて，左辺に登場する "期待値を差し引く" という操作は，5.3 節で導入した $\nabla^{(e)}$-平行移動そのものである．一方，右辺は点 p_ξ でのモデル M の接ベクトルの e-表現である．これがすべての点 p_ξ で成り立つということは，ある点 p_{ξ_0} での接空間 $T_{p_{\xi_0}}M$ を別の点 p_ξ へ $\nabla^{(e)}$-平行移動すれば，それが点 p_ξ での接空間 $T_{p_\xi}M$ になっていることを意味する．これは M が $\mathcal{S}$ の $\nabla^{(e)}$-自己平行部分多様体（指数型分布族）であることを意味している．明示的な表式も求めておこう．(7.5) は

$$\partial_j \log p_\xi(\omega) = J_{ji}\left(\hat{\xi}^i(\omega) - \xi^i\right)$$

と同等である．これを積分すれば，指数型分布族としての M の表式

$$\log p_\xi(\omega) = \log p_{\xi_0}(\omega) + \sum_{i=1}^{d} \theta^i(\xi)\hat{\xi}^i(\omega) - \psi(\theta(\xi))$$

を得る．ここに

$$\frac{\partial}{\partial \xi^j}\theta^i(\xi) = J_{ji} \tag{7.6}$$

$$\frac{\partial}{\partial \xi^j}\psi(\theta(\xi)) = J_{ji}\xi^i \tag{7.7}$$

である．(7.6) は (θ^i) と (ξ^i) が互いに双対アファイン座標系であることを意味し，(7.7) は

$$\frac{\partial \psi}{\partial \theta^i} = \xi^i$$

を意味する．特に $\xi = E_{p_\xi}[\hat{\xi}]$ は指数型分布族 M の期待値座標系である（定理 5.5.2 参照）．

次に十分性を示す.

$$\log p_\xi(\omega) := \log p_\eta(\omega) = C(\omega) + \theta^i F_i(\omega) - \psi(\theta)$$

とする. ここに $\xi^i := \eta_i = E_{p_\xi}[F_i]$ である. すると $\hat{\xi}^i(\omega) := F_i(\omega)$ は ξ の不偏推定量であって

$$\frac{\partial}{\partial \eta_j} \log p_\eta(\omega) = \frac{\partial \theta^i}{\partial \eta_j} \left(F_i(\omega) - \frac{\partial \psi}{\partial \theta^i} \right) = g^{ij} \left(F_i(\omega) - \eta_i \right)$$

となる. ここで

$$g^{ij} = g\left(\frac{\partial}{\partial \eta_i}, \frac{\partial}{\partial \eta_j} \right) = g\left(\frac{\partial}{\partial \xi^i}, \frac{\partial}{\partial \xi^j} \right) = J_{ij}$$

に気をつければ, 上式は

$$\hat{\xi}^i(\omega) - \xi^i = J^{ij} \frac{\partial}{\partial \xi^j} \log p_\xi(\omega)$$

と同等である. これは下界達成条件 (7.5) に他ならない.   □

例 7.1.6（コイン投げ：続き）. 例 7.1.4 のコイン投げモデルで

$$\theta := N \log \frac{\xi}{1-\xi}, \qquad F(\omega_1, \ldots, \omega_N) := \frac{\omega_1 + \cdots + \omega_N}{N},$$
$$\psi(\theta) := N \log(1 + e^{\theta/N})$$

とおけば,

$$\log p_\xi^{\otimes N}(\omega_1, \ldots, \omega_N) = \theta\, F(\omega_1, \ldots, \omega_N) - \psi(\theta)$$

と書けるので, モデル $\{p_\xi^{\otimes N}\}_\xi$ は指数型分布族である. しかも

$$\eta = E_{p_\xi^{\otimes N}}[F] = \xi$$

だから ξ は期待値座標系である. コイン投げモデルのパラメータ ξ が有効推定量 $\hat{\xi} = F$ を持つという事実の背景には, このような情報幾何学的構造が潜んでいたのである.

7.2 大偏差原理

　仮説検定の話に進む準備として，本節では最も基本的な大偏差原理である Cramér の定理と Sanov の定理の関係を情報幾何学の観点から検討してみよう．有限集合 Ω 上の確率分布 $p \in \mathcal{S}$ と確率変数 $F : \Omega \to \mathbb{R}$ を固定する．確率論の教えるところによれば，N 回の独立試行で得られる確率変数の値 $F(\omega_1), \dots, F(\omega_N)$ の算術平均

$$\frac{S_N(\omega_1, \dots, \omega_N)}{N} := \frac{F(\omega_1) + \cdots + F(\omega_N)}{N}$$

は，$N \to \infty$ のとき F の期待値 $\mu := E_p[F]$ に確率収束する（大数の弱法則）．従って確率変数 $\frac{S_N}{N}$ が期待値 μ から遠く離れた値をとる確率は，N の増加と共にどんどんゼロに近づく．このゼロに近づくスピードを精密に評価しようというのが大偏差型評価である．

定理 7.2.1（Cramér）．確率分布 p の i.i.d. 拡張 $p^{\otimes N}$ のもとで，確率変数 $\frac{S_N}{N}$ が実数 a 以上の値をとる確率 $P\left(\frac{S_N}{N} \geq a\right)$ を考える．もし $a > \mu$ なら

$$\lim_{N \to \infty} \frac{1}{N} \log P\left(\frac{S_N}{N} \geq a\right) = -\sup_{\theta \in \mathbb{R}}\{a\theta - \psi(\theta)\} \tag{7.8}$$

となる．ここに $\psi(\theta)$ は

$$\psi(\theta) := \log E_p[e^{\theta F}] \tag{7.9}$$

である．

　証明は章末の補足（7.4 節）に回す．(7.8) の右辺に登場する関数

$$R(a) := \sup_{\theta \in \mathbb{R}}\{a\theta - \psi(\theta)\} \tag{7.10}$$

はしばしば**レート関数**とよばれる．その意味するところを理解するために，正数列 a_N, b_N に対し

$$a_N \overset{\bullet}{\sim} b_N \iff \lim_{N \to \infty} \frac{1}{N} \log \frac{a_N}{b_N} = 0 \tag{7.11}$$

という記法を導入しよう．これは a_N と b_N が指数関数的に同じ挙動をすることを表す記号法である．この記法を用いれば，(7.8) は

$$P\left(\frac{S_N}{N} \geq a\right) \overset{\bullet}{\sim} e^{-NR(a)}$$

と書ける．つまり，確率変数 S_N/N が期待値 μ より大きな値 a 以上になる確率は，N の増加と共に指数関数的スピードでゼロに近づき，しかもそのスピードがレート関数 $R(a)$ で与えられるのである．これが Cramér の定理の内容である．

　ところで，(7.10) は補題 4.2.5 に登場した Legendre 変換式 (4.8) と全く同じ形をしている．従って Cramér の定理の背後には，情報幾何学的な視点が潜んでいるに違いない．早速調べてみよう．

　確率分布 p を通る $\mathcal{S}$ の $\nabla^{(e)}$-測地線

$$p_\theta(\omega) = p(\omega) e^{\theta F(\omega) - \psi(\theta)}$$

を考えよう．すると規格化因子 $\psi(\theta)$ は (7.9) に一致する．この事実に着目すれば，レート関数に関する次の補題はほぼ自明である．

補題 7.2.2. $R(a)$ は狭義凸関数である．そして，すべての $a \in \mathbb{R}$ に対し $R(a) \geq 0$ であり，$R(a) = 0$ となるのは $a = \mu$ のときかつそのときに限る．

　証明　前半は補題 4.2.4 および補題 4.2.5 の言い換えにすぎない．そして $\psi(0) = 0$ および $\psi'(0) = \mu$ に気をつければ，$R(a)$ の定義式 (7.10) より後半の主張が直ちに得られる．　　　　　　　　　　　　　　　　　□

　さて，$\eta \in \mathbb{R}$ を任意に固定しよう．定理 5.6.1 より，F の期待値を η に制限した $\nabla^{(m)}$-自己平行部分多様体

$$\Gamma_\eta = \{q \in \mathcal{S}\,;\, E_q[F] = \eta\}.$$

と $\nabla^{(e)}$-測地線 $M := \{p_\theta\}_\theta$ とは（交点を持つならそこで）直交する．従って
その交点の θ-座標を θ_η と書くと，

$$\min_{q \in \Gamma_\eta} D(q\|p) = D(p_{\theta_\eta}\|p) = \eta\theta_\eta - \psi(\theta_\eta)$$

$$= \max_\theta\{\eta\theta - \psi(\theta)\} = R(\eta) \tag{7.12}$$

を得る．ここで第 3 の等号では，補題 4.2.3 から導かれる関係式 $\eta = \psi'(\theta_\eta)$
を用いた．さらに補題 7.2.2 より関数 $R(\eta)$ は $\eta > \mu$ で単調増加であるので，
$a > \mu$ なる実数 a を任意に固定すると，(7.12) より

$$\min_{q \in \bigcup_{\eta \geq a} \Gamma_\eta} D(q\|p) = \min_{\eta \geq a} D(p_{\theta_\eta}\|p) = \min_{\eta \geq a} R(\eta)$$

$$= R(a) = D(p_{\theta_a}\|p) \tag{7.13}$$

が得られる．

　この事実と Cramér の定理を結びつけるために，N 回の測定データ $(\omega_1,$
$\ldots,\omega_N)$ の中に各 $x \in \Omega$ がどのくらいの頻度で登場したかを表す**経験分布**
を

$$\hat{p}_N(x) := \frac{\#\{i\,;\,\omega_i = x\}}{N}$$

で定めよう．経験分布 $\hat{p}_N$ は確率分布空間 $\mathcal{S}$ に値をとる確率変数である．そ
して

$$E_{\hat{p}_N}[F] = \sum_{x \in \Omega} \hat{p}_N(x)F(x) = \frac{F(\omega_1) + \cdots + F(\omega_N)}{N} = \frac{S_N}{N}$$

に注意すれば，2 つの事象

$$\frac{S_N}{N} \geq a \qquad \text{と} \qquad \hat{p}_N \in \bigcup_{\eta \geq a} \Gamma_\eta$$

は同値である．そこで経験分布 $\hat{p}_N$ を用いて (7.8) を書き直せば，

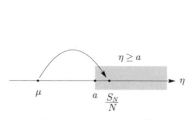

図 7.2　Cramér の定理

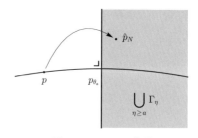

図 7.3　Sanov の定理

$$\lim_{N \to \infty} \frac{1}{N} \log P \left(\hat{p}_N \in \bigcup_{\eta \geq a} \Gamma_\eta \right) = -R(a) = -D(p_{\theta_a} \| p) \tag{7.14}$$

を得る．最後の等号では (7.13) を用いた．

　さて，(7.14) は Sanov の定理とよばれる経験分布の大偏差型評価の特殊例となっている．Sanov の定理とは，$p \in \mathcal{S}$ を含まない $\mathcal{S}$ の任意の閉領域 A に対し，

$$\lim_{N \to \infty} \frac{1}{N} \log P \left(\hat{p}_N \in A \right) = - \min_{q \in A} D(q \| p)$$

となることを主張する定理である．(7.13) から直ちに分かるように，(7.14) は $A = \bigcup_{\eta \geq a} \Gamma_\eta$ という特殊な閉領域をとった場合に対応している．この関係を情報幾何学的に解釈してみよう．実験データの算術平均が期待値から大きくずれてしまう事象を，双対アファイン座標系 $\{\theta, \eta\}$ の言葉で語ったものが Cramér の定理 (7.8) である（図 7.2）．これに対し，同じ事象を経験分布 $\hat{p}_N$ が真の分布 p から大きくずれてしまう事象として翻訳し，それを "$\mathcal{S}$ の幾何" として捉えているのが Sanov の定理 (7.14) なのである（図 7.3）．

7.3　統計的仮説検定

　2 つの確率分布 p, q があって，着目するシステムは p または q に従ってデータを生成しているのだが，どちらが真の確率分布であるかは未知であるという状況を考えよう．このとき，測定データに基づき真の確率分布がどちらであるか決定する問題を**単純仮説検定問題**という．この問題は，実質的にはデータ集

合 Ω を 2 つの交わらない部分集合 A とその補集合 A^c とに分け，実験により A に属する測定データが得られたら真の分布は p で，A^c に属する測定データが得られたら真の分布は q と結論づける作業に帰着される．すなわち，単純仮説検定問題に対する検定方式 T を 1 つ定めることは，Ω の部分集合 A を 1 つ定めることと同等である．そこで検定 T を $\{A, A^c\}$ もしくは単純に $\{A\}$ と書くことにする．

定義

　検定 $T = \{A, A^c\}$ において，真の分布は p であるという結論に導く部分集合 A を **仮説 p の受容域**，真の分布は q であるという結論に導く部分集合 A^c を **仮説 q の受容域** という．

さて，統計的推測には誤りがつきものである．単純仮説検定問題では 2 種類の誤りがある．

定義

　本当は p なのに q と判断してしまう誤りを **第 1 種誤り** といい，本当は q なのに p と判断してしまう誤りを **第 2 種誤り** という．

　単純仮説検定問題は 2 つの仮説 p, q に関して対称なので，どちらを第 1 種誤りと見なし，どちらを第 2 種誤りと見なすかは（少なくとも数学的には）全く便宜的なものである[6]．以下では，検定 $T = \{A\}$ のもとでの第 1 種誤り確率を $\alpha[A]$，第 2 種誤り確率を $\beta[A]$ と書くことにする．すなわち

$$\alpha[A] = \sum_{\omega \in A^c} p(\omega) = 1 - \sum_{\omega \in A} p(\omega)$$

$$\beta[A] = \sum_{\omega \in A} q(\omega)$$

である．

　さて，これほど単純な問題設定で検定 $T = \{A\}$ の最適性について何か結論できるとは思えないかもしれないが，実はそれが可能なのである．

---

[6]ただし，ここにいう対称性は，あくまで以下で展開する数学的な取り扱いに関するものである．伝統的な統計学では，p は帰無仮説，q は対立仮説という具体的な意味を有し，従って p と q の役割は対称とならないのが通例である．

> **定義**
>
> 正の実数 λ に対して定まる Ω の部分集合
>
> $$A = A(\lambda) := \left\{ \omega \in \Omega \,;\, \frac{p(\omega)}{q(\omega)} > \lambda \right\}$$
>
> が定める検定 $T = \{A\}$ を，しきい値 λ の**尤度比検定**という．

次の定理は Neyman-Pearson の補題とよばれ，尤度比検定が実は（ある意味で）最適な検定を与えることを保証するものである．

> **定理 7.3.1** (Neyman-Pearson)．$\{A\}$ をしきい値 λ の尤度比検定とすると，任意の検定 $\{B\}$ に対し
>
> $$\alpha[A] + \lambda\,\beta[A] \leq \alpha[B] + \lambda\,\beta[B]$$

証明　任意の $\lambda > 0$ に対し

$$\sum_{\omega \in A} \{p(\omega) - \lambda q(\omega)\} \geq \sum_{\omega \in B} \{p(\omega) - \lambda q(\omega)\} \tag{7.15}$$

が成り立つ．実際，$\omega \in A \backslash B$ なら $\{p(\omega) - \lambda q(\omega)\} > 0$，$\omega \in B \backslash A$ なら $\{p(\omega) - \lambda q(\omega)\} \leq 0$ であるから

$$(\text{左辺}) - (\text{右辺}) = \left(\sum_{\omega \in A \backslash B} - \sum_{\omega \in B \backslash A} \right) \{p(\omega) - \lambda q(\omega)\} \geq 0$$

となって不等式 (7.15) が示される．よって

$$\begin{aligned}
\alpha[B] + \lambda\,\beta[B] &= 1 - \sum_{\omega \in B} \{p(\omega) - \lambda q(\omega)\} \\
&\geq 1 - \sum_{\omega \in A} \{p(\omega) - \lambda q(\omega)\} \\
&= \alpha[A] + \lambda\,\beta[A]
\end{aligned}$$

となる．　　　　　　　　　　　　　　　　　　　　　　　　　　　□

さて，定理 7.3.1 より

$$\lambda\{\beta[B] - \beta[A]\} \geq \alpha[A] - \alpha[B]$$

となるので，

$$\alpha[A] > \alpha[B] \implies \beta[B] > \beta[A]$$

が結論される．つまり，尤度比検定 $\{A\}$ 以外の検定 $\{B\}$ をうまく選んで第 1 種誤り確率 $\alpha[B]$ を $\alpha[A]$ より小さくしたならば，第 2 種誤り確率 $\beta[B]$ は $\beta[A]$ より大きくなってしまうのである．言い換えれば，第 1 種誤り確率も第 2 種誤り確率も共に尤度比検定より小さくするような検定は存在しない．この意味で尤度比検定は最適なのである．

さてここで，N 回の独立な実験のもとで検定を行う場合を考えよう．このときの仮説は $p^{\otimes N}$ と $q^{\otimes N}$ になり，検定は Ω^N の部分集合 A_N を指定することで定まる．そして，しきい値 λ の尤度比検定は

$$A_N(\lambda) = \left\{ (\omega_1, \ldots, \omega_N) \in \Omega^N \,;\, \frac{p(\omega_1) \cdots p(\omega_N)}{q(\omega_1) \cdots q(\omega_N)} > \lambda \right\}$$

であるが，

$$\frac{p(\omega_1) \cdots p(\omega_N)}{q(\omega_1) \cdots q(\omega_N)} > \lambda \iff \frac{1}{N} \sum_{i=1}^{N} \log \frac{p(\omega_i)}{q(\omega_i)} > \frac{\log \lambda}{N}$$

であり，観測データ $(\omega_1, \ldots, \omega_N)$ に関する算術平均は，対応する経験分布 $\hat{p}_N$ に関する期待値に一致することを思い出せば，上記尤度比検定は

$$A_N(\lambda) = \left\{ (\omega_1, \ldots, \omega_N) \in \Omega^N \,;\, E_{\hat{p}_N}\left[\log \frac{p(\cdot)}{q(\cdot)} \right] > \frac{\log \lambda}{N} \right\} \tag{7.16}$$

と書き直せる．この受容域は期待値に対する束縛条件の形で書かれているので，7.2 節同様，確率分布空間 $\mathcal{S}$ での幾何学的解釈が可能である．それについて説明しよう．

(7.16) に現れる条件式は，これまで何度も登場した

$$\Gamma_\eta = \{ p' \in \mathcal{S} \,;\, E_{p'}[F] = \eta \}$$

という型の集合を想起させる．そこで

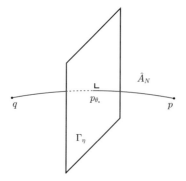

図 7.4　Neyman-Pearson の補題

$$F(\omega) := \log \frac{p(\omega)}{q(\omega)}$$

とおき，これから定まる $\mathcal{S}$ の部分集合

$$\hat{A}_N(\lambda) := \bigcup_{\eta > \frac{\log \lambda}{N}} \Gamma_\eta$$

を考えよう．(7.16) から分かるように，集合 $\hat{A}_N(\lambda)$ は，p の受容域 $A_N(\lambda)$ に属する観測データに対応する経験分布をすべて含み，q の受容域 $A_N(\lambda)^c$ に属する観測データに対応する経験分布を全く含まない．言い換えれば，$\hat{A}_N(\lambda)$ から $A_N(\lambda)$ は一意に再現される．そこで以下では（言葉の濫用ではあるが）集合 $\hat{A}_N(\lambda)$ も仮説 p の受容域とよぶことにしよう．

さて，集合 $\hat{A}_N(\lambda)$ は，7.2 節で Sanov の定理を考察した際に登場した集合と同じ形をしている．実際，

$$p_\theta(\omega) = q(\omega) \exp\left[\theta \left(\log \frac{p(\omega)}{q(\omega)} \right) - \psi(\theta) \right] \tag{7.17}$$

は $\theta = 0$ で仮説 q，$\theta = 1$ で仮説 p を通る $\nabla^{(e)}$-測地線であり，各 Γ_η はこの測地線に直交する超平面をなしているので，受容域 $\hat{A}_N(\lambda)$ は確率分布空間 $\mathcal{S}$ を超平面 $\Gamma_{\frac{\log \lambda}{N}}$ で 2 つの領域に分けたときの p が属する側となる（図 7.4）．つまり，Neyman-Pearson 型の尤度比検定とは，q と p を結ぶ $\nabla^{(e)}$-測地線 (7.17) を基準とする $\mathcal{S}$ の双対葉層化に他ならない．以下では，この幾何学的解釈と 7.2 節で調べた大偏差原理の幾何を通して，仮説検定問題におけるいくつかの

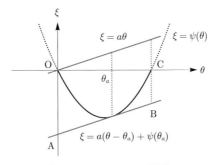

図 7.5　ポテンシャル関数

基本定理の背後にどのような幾何学的描像が隠れているか明らかにしていこう.

まず, 測地線 (7.17) に関する基本事項をまとめておく.

補題 7.3.2. 2 点 q, p を結ぶ $\nabla^{(e)}$-測地線 (7.17) に関して以下が成り立つ.

(i) 各 $\theta \in [0,1]$ に対応する η-座標 $\eta_\theta := \psi'(\theta)$ は θ に関して狭義単調増加関数であり,

$$\eta_0 = \psi'(0) = -D(q\|p), \qquad \eta_1 = \psi'(1) = D(p\|q)$$

(ii) 各 η-座標 $a \in [-D(q\|p), D(p\|q)]$ に対応する θ-座標を θ_a と書くことにする. すなわち $a = \psi'(\theta_a)$ である. このとき, Legendre 変換

$$\varphi(a) = \max_\theta \{a\theta - \psi(\theta)\} = a\theta_a - \psi(\theta_a)$$

に登場するポテンシャル関数 $\xi = \psi(\theta)$ と直線 $\xi = a\theta$, そして $\theta = \theta_a$ におけるグラフ $\xi = \psi(\theta)$ の接線 $\xi = a(\theta - \theta_a) + \psi(\theta_a)$ は図 7.5 のような関係にある. ここに原点 O$(0,0)$ および点 C$(1,0)$ がそれぞれ q および p に対応する. そして

$$\mathrm{OA} = \varphi(a) = D(p_{\theta_a}\|q), \qquad \mathrm{BC} = \varphi(a) - a = D(p_{\theta_a}\|p)$$

である.

証明　ポテンシャル $\psi(\theta)$ は狭義凸関数であるから，η_θ の狭義単調性は明らか．η_0 および η_1 の値はポテンシャル関数 ψ の具体的表式

$$\psi(\theta) = \log E_q \left[\exp \left(\theta \log \frac{p}{q} \right) \right]$$

を微分すればすぐに導けるが，より簡単な導出法として定理 5.5.2 を用いると，$\nabla^{(e)}$-測地線（1 次元 $\nabla^{(e)}$-自己平行部分多様体）では η-座標系は期待値座標系であるから

$$\psi'(0) = E_{p_0}[F] = \sum_{\omega \in \Omega} q(\omega) \log \frac{p(\omega)}{q(\omega)} = -D(q\|p)$$

$$\psi'(1) = E_{p_1}[F] = \sum_{\omega \in \Omega} p(\omega) \log \frac{p(\omega)}{q(\omega)} = D(p\|q)$$

となる．以上で (i) は示された．

一方，直接計算により

$$
\begin{aligned}
D(p_{\theta_a}\|q) &= \sum_{\omega \in \Omega} p_{\theta_a}(\omega) \log \frac{p_{\theta_a}(\omega)}{q(\omega)} \\
&= \sum_{\omega \in \Omega} p_{\theta_a}(\omega) \left(\theta_a F(\omega) - \psi(\theta_a) \right) \\
&= \theta_a E_{p_{\theta_a}}[F] - \psi(\theta_a) \\
&= \theta_a a - \psi(\theta_a) \\
&= \varphi(a)
\end{aligned}
$$

および

$$
\begin{aligned}
D(p_{\theta_a}\|p) &= \sum_{\omega \in \Omega} p_{\theta_a}(\omega) \log \frac{p_{\theta_a}(\omega)}{p(\omega)} \\
&= \sum_{\omega \in \Omega} p_{\theta_a}(\omega) \left\{ \log \frac{p_{\theta_a}(\omega)}{q(\omega)} - \log \frac{p(\omega)}{q(\omega)} \right\} \\
&= D(p_{\theta_a}\|q) - E_{p_{\theta_a}}[F] \\
&= \varphi(a) - a
\end{aligned}
$$

が得られ，これらを用いれば，図 7.5 における関係式

$$\mathrm{OA} = \varphi(a) = D(p_{\theta_a}\|q), \qquad \mathrm{BC} = \varphi(a) - a = D(p_{\theta_a}\|p)$$

が直ちに導かれる．こうして (ii) も証明された．　　　　　　　　　　　□

　仮説検定の話に戻ろう．本節の冒頭で述べたように，単純仮説検定では「第 1 種誤り確率」と「第 2 種誤り確率」という 2 種類の誤り確率がある．そして これらは，一方を小さくしようとすれば他方が大きくなるというトレードオフ の関係にある．そこでこの問題を漸近論的枠組みで考えてみよう．つまり，Ω 上の 2 つの仮説 p, q の i.i.d. 拡張 $p^{\otimes N}, q^{\otimes N}$ を改めて Ω^N 上の 2 つの仮説と捉 え，これらに対する検定 $A_N (\subset \Omega^N)$ に関する第 1 種誤り確率 $\alpha_N := \alpha[A_N]$ と第 2 種誤り確率 $\beta_N := \beta[A_N]$ の $N \to \infty$ での漸近挙動を考えるのである．

　ところで，よほど妙な受容域の列 A_N を選ばない限り，大数の法則により $N \to \infty$ のとき α_N も β_N も 共にゼロに近づくであろうから，単に 2 つの誤 り確率を小さくするというだけでは面白くない．そこで一歩踏み込んで，両者 がゼロに近づくスピードをどのくらい早くできるかという問題を考えてみよ う．

　この問題に対する 1 つの伝統的なアプローチは，2 つの誤り確率を非対称に 扱い，第 1 種誤り確率を漸近的に無視できるほど小さく押さえるという制約 条件のもとで，第 2 種誤り確率をどのくらい早くゼロにできるかを考えるこ とである．ここで，第 1 種誤り確率が漸近的に無視できるという制約条件に ついても，単にゼロに近づけばよいという流儀もあれば，指数関数的スピー ドでゼロに近づけるという流儀もある．また，これとは異なるアプローチとし て，2 つの誤り確率を対称に扱い，例えば第 1 種誤り確率と第 2 種誤り確率の 和をどのくらい早くゼロにできるかを考えるという問題設定もある．これら の問題を数学的に述べるため，正数列 a_N, b_N に対する $a_N \overset{\bullet}{\sim} b_N$ という記法 (7.11) に加え，

$$a_N \overset{\bullet}{\lesssim} b_N \iff \limsup_{N \to \infty} \frac{1}{N} \log \frac{a_N}{b_N} \le 0 \tag{7.18}$$

という記法を導入する．そして具体的に次の 3 つの問題を考えてみることに する．

【問題1】$\alpha_N \to 0$ という条件のもとで，$\beta_N \overset{\bullet}{\sim} e^{-NR}$ なる $R > 0$ はどこまで大きくできるか？

【問題2】$\alpha_N \overset{\bullet}{\lesssim} e^{-Nr}$ という条件のもとで，$\beta_N \overset{\bullet}{\sim} e^{-NR}$ なる $R > 0$ はどこまで大きくできるか？

【問題3】$\alpha_N + \beta_N \overset{\bullet}{\sim} e^{-NR}$ なる $R > 0$ はどこまで大きくできるか？

実は，これらの問題の背後には極めて自然な情報幾何学的描像が隠れており，それを明らかにするのが以下の目的である．

まず，問題1の解答は，Stein の補題とよばれる次の定理により与えられる．

定理 7.3.3（Stein）．$0 < \varepsilon < 1$ なる定数 ε を任意に固定する．条件 $\limsup_{N\to\infty} \alpha_N \le \varepsilon$ のもとで $\beta_N \overset{\bullet}{\sim} e^{-NR}$ となる $R > 0$ の上限は $D(p\|q)$ である．

厳密な証明は他書[7]に譲ることとし，ここでは情報幾何を用いた "説明" を試みよう．まず Neyman-Pearson の補題により，各拡大次数 N で考える Ω^N 上の検定 A_N は尤度比検定に制限してよい[8]．そして，各しきい値に対応する尤度比検定 (7.16) は，q と p を結ぶ $\nabla^{(e)}$-測地線 (7.17) に直交する超平面を1つ選ぶことで定まるから，尤度比検定を1つ選ぶことは $\nabla^{(e)}$-測地線上の θ-座標 θ_* を1つ選ぶことと同等である（図7.4）．そして大数の弱法則により，p の受容域 $\hat{A}_N$ が p を含んでさえいれば，条件 $\limsup_{N\to\infty} \alpha_N \le \varepsilon$ は自動的に満たされる．一方，Cramér の定理（もしくは Sanov の定理）より，$\beta_N \overset{\bullet}{\sim} e^{-NR}$ なる R をできるだけ大きくするということは，p_{θ_*} をできるだけ q から "離れた" ところに選ぶことを意味する．

以上を念頭に置けば，次のような考察が可能となる．まず，図7.6のように，条件 $p \in \hat{A}_N$ を満たしながら θ_* を $\theta = 1$ の非常に近くにとれば，R はいくらでも $D(p\|q)$ に近づけることができる．しかし $\theta_* > 1$ となってしまったら（このとき $D(p\|q) < R$ となる）p が q の受容域 $\hat{A}_N^c$ に入ってしまうので，

---

[7]例えば，韓太舜『情報理論における情報スペクトル的方法』培風館．

[8]なぜなら，条件 $\limsup_{N\to\infty} \alpha_N \le \varepsilon$ を満たす任意の尤度比検定の列を $\{A_N\}$ とするとき，これ以外の検定 B_N で $\alpha[B_N] \le \alpha[A_N]$ を満たすものをとると，$\beta[B_N] \ge \beta[A_N]$ となって，R をできるだけ大きくするという観点からは損をしてしまうからである．

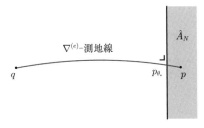

図 7.6 Stein の補題

もはや条件 $\limsup_{N \to \infty} \alpha_N \leq \varepsilon$ は成立しない（$\alpha_N \to 1$ となってしまう）. こうして定理 7.3.3 が導かれる.

次に，問題 2 について考えよう．その解答は次の Hoeffding の定理によって与えられる.

定理 7.3.4（Hoeffding）. $0 < r < D(q\|p)$ なる定数 r を任意に固定する. 条件 $\alpha_N \overset{\bullet}{\lesssim} e^{-Nr}$ のもとで，$\beta_N \overset{\bullet}{\sim} e^{-NR}$ となる $R > 0$ の上限は

$$\max_{0 \leq \theta < 1} \frac{\theta r + \psi(\theta)}{\theta - 1}$$

である.

まず，条件 $r < D(q\|p)$ についてコメントしておく．上述の Stein の補題の説明から，尤度比検定の境界を与える p_{θ_*} は q と p の間にとらなければならないことが分かる．なぜなら，もし $\theta_* > 1$ として p も q も $\hat{A}_N^c$ に含まれるようにしてしまったら，大数の法則により $\alpha_N \to 1$ となってしまうし，もし $\theta_* < 0$ として p も q も $\hat{A}_N$ に含まれるようにしてしまったら，今度は $\beta_N \to 1$ となってしまうからである．従って特に条件 $r < D(q\|p)$ は，$\theta_* > 0$ で問題を考えるための要請であることが Cramér の定理（もしくは Sanov の定理）(7.14) より分かる.

さて，p_{θ_*} を q と p の間に任意にとったとすると，これに対応する尤度比検定 $\hat{A}_N$ が 1 つ定まる．そして Cramér の定理 (7.14) から

$$\alpha_N \overset{\bullet}{\sim} e^{-ND(p_{\theta_*}\|p)}, \qquad \beta_N \overset{\bullet}{\sim} e^{-ND(p_{\theta_*}\|q)}$$

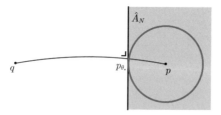

図 7.7 Hoeffding の定理. 円は点 p を中心とする半径 r の等ダイバージェンス曲面 $\{p' \in \mathcal{S}\,;\, D(p'\|p) = r\}$ を表す. 一般化 Pythagoras の定理から, この等ダイバージェンス曲面は点 p_{θ_*} において $\hat{A}_N$ の境界 Γ_a に接する.

である. 従って条件 $\alpha_N \overset{\bullet}{\lesssim} e^{-Nr}$ は

$$D(p_{\theta_*}\|p) \geq r$$

を意味するが, R を大きくするという観点からは, p_{θ_*} を必要以上に p から遠ざけない方がよい. そこで θ_* としては最も控えめに

$$D(p_{\theta_*}\|p) = r$$

となるように選び,

$$\alpha_N \overset{\bullet}{\sim} e^{-Nr}$$

という具合にギリギリで条件を満たすようにしておく. そうすれば, この θ_* に対応する β_N の指数 $D(p_{\theta_*}\|q)$ が求める R の上限を与える. つまり答えは

$$D(p_{\theta_*}\|p) = r \text{ を満たすように } \theta_* \text{ を選んだときの } D(p_{\theta_*}\|q)$$

である (図 7.7). さて, θ_* の η-座標 (期待値座標) を a とすると, $\theta_* = \theta_a$ だから, 補題 7.3.2 より

$$D(p_{\theta_a}\|q) = D(p_{\theta_a}\|p) + a = r + a$$

が分かる. 一方, θ_* を定める条件

$$D(p_{\theta_*}\|p) = (\theta_* - 1)E_{p_{\theta_*}}[F] - \psi(\theta_*) = r$$

から

$$a = E_{p_{\theta_*}}[F] = \frac{r + \psi(\theta_*)}{\theta_* - 1} = \max_{0 \le \theta < 1} \frac{r + \psi(\theta)}{\theta - 1}$$

が得られる．ここで最後の等号は，関数 $\theta \mapsto \dfrac{r + \psi(\theta)}{\theta - 1}$ の極値条件を調べることにより証明される．

以上をまとめると，

$$D(p_{\theta_*} \| q) = r + \max_{0 \le \theta < 1} \frac{r + \psi(\theta)}{\theta - 1}$$

となって，定理 7.3.4 が示される．

最後に，問題 3 について考えよう．その解答は次の Chernoff の定理によって与えられる．

定理 7.3.5（Chernoff）．正の定数 π_1, π_2 を任意に固定する．$\pi_1 \alpha_N + \pi_2 \beta_N \overset{\bullet}{\sim} e^{-NR}$ となる $R > 0$ の上限は

$$- \min_{0 \le \theta \le 1} \psi(\theta)$$

である．

Hoeffding の定理のときと同様，q と p の間に任意に p_{θ_*} をとれば，これに対応する尤度比検定 $\hat{A}_N$ が定まり，Cramér の定理 (7.14) から

$$\alpha_N \overset{\bullet}{\sim} e^{-ND(p_{\theta_*} \| p)}, \qquad \beta_N \overset{\bullet}{\sim} e^{-ND(p_{\theta_*} \| q)}$$

となる．従って

$$\pi_1 \alpha_N + \pi_2 \beta_N \overset{\bullet}{\sim} e^{-N \cdot \min\{D(p_{\theta_*} \| p), D(p_{\theta_*} \| q)\}}$$

が分かる．さて，$D(p_{\theta_*} \| p)$，$D(p_{\theta_*} \| q)$ は $\theta_* \in [0, 1]$ の関数としてそれぞれ単調減少，単調増加であるから，この指数の絶対値が最大となるのは

$$D(p_{\theta_*} \| p) = D(p_{\theta_*} \| q)$$

のときであるが，補題 7.3.2 よりこれは $a = 0$ と同等である．そして再び補題 7.3.2（もしくは図 7.5）より，$a = 0$ に対応する θ_0 では $\psi(\theta)$ が最小値をとる

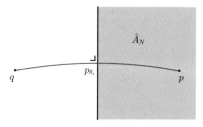

図 7.8 Chernoff の定理

ので，求める最大指数は

$$D(p_{\theta_*} \| q) = -\psi(\theta_0) = -\min_\theta \psi(\theta)$$

となって定理 7.3.5 が示される.

7.4 補足：Cramér の定理

有限集合 Ω 上の確率分布 $p \in \mathcal{S}$ と確率変数 $F : \Omega \to \mathbb{R}$ を固定する. Ω^N の元 $\omega = (\omega_1, \dots, \omega_N)$ に対し $X_i(\omega) := F(\omega_i)$ とすれば，$X_1, \dots, X_N$ は p に従う i.i.d. 確率変数と見なせる. $\mu := E_p[X_i] = E_p[F]$ および $S_N := X_1 + \cdots + X_N$ とおくと，大数の弱法則により，任意の $\varepsilon > 0$ に対し

$$\lim_{N \to \infty} P\left(\left| \frac{S_N}{N} - \mu \right| \geq \varepsilon \right) = 0$$

が成り立つ. では,

$$P\left(\left| \frac{S_N}{N} - \mu \right| \geq \varepsilon \right)$$

はどのくらいのスピードでゼロに近づくのか？ 実は

$$P\left(\left| \frac{S_N}{N} - \mu \right| \geq \varepsilon \right) \overset{\bullet}{\sim} e^{-NR(\mu+\varepsilon)}$$

であると主張するのが Cramér の定理であった（定理 7.2.1）．読者の便利のため，以下に再掲し，証明を与えておく.

定理 7.4.1 (Cramér). もし $a > \mu$ なら

$$\lim_{N \to \infty} \frac{1}{N} \log P\left(\frac{S_N}{N} \geq a\right) = -R(a) \tag{7.19}$$

となる．ここに

$$R(a) := \sup_{\theta \in \mathbb{R}} \{a\theta - \psi(\theta)\}$$

証明　2 つの不等式

$$\limsup_{N \to \infty} \frac{1}{N} \log P\left(\frac{S_N}{N} \geq a\right) \leq -R(a) \tag{7.20}$$

および

$$\liminf_{N \to \infty} \frac{1}{N} \log P\left(\frac{S_N}{N} \geq a\right) \geq -R(a) \tag{7.21}$$

を導くことで (7.19) を証明する．

初めに不等式 (7.20) を示そう．$a > \mu$ のとき，$R(a)$ を達成する引き数

$$\theta_a := \arg\max_{\theta} \{a\theta - \psi(\theta)\}$$

は正であることが，補題 7.2.2 の証明と同様にして分かる．一方 Markov の不等式より，任意の $\tilde{\theta} > 0$ に対し

$$P(Y \geq a) = P\left(e^{Y\tilde{\theta}} \geq e^{a\tilde{\theta}}\right) \leq e^{-a\tilde{\theta}} E[e^{Y\tilde{\theta}}]$$

が成り立つ．従って

$$P\left(\frac{X_1 + \cdots + X_N}{N} \geq a\right) \leq e^{-a\tilde{\theta}} E_p\left[e^{\left(\frac{X_1 + \cdots + X_N}{N}\tilde{\theta}\right)}\right]$$

$$= e^{-a\tilde{\theta}} \left\{E_p\left[e^{\left(\frac{X_1}{N}\right)\tilde{\theta}}\right]\right\}^N$$

$$= e^{-a\tilde{\theta}} \left\{e^{\psi\left(\frac{\tilde{\theta}}{N}\right)}\right\}^N$$

$$= \exp\left[-N\left\{a\frac{\tilde{\theta}}{N} - \psi\left(\frac{\tilde{\theta}}{N}\right)\right\}\right]$$

となるが，$\tilde{\theta}$ は正である限り任意であるので，特に $\tilde{\theta} = N\theta_a$ ととれば

$$P\left(\frac{S_N}{N} \geq a\right) \leq e^{-N\{a\,\theta_a - \psi(\theta_a)\}} = e^{-N R(a)}$$

これより直ちに (7.20) を得る.

次に, 逆向きの不等式 (7.21) を示そう. $\delta > 0$ を任意に固定し, $b := a + \delta$, $c := b + \delta$ とする. 7.2 節と同様, 確率分布 p を通る $\mathcal{S}$ の $\nabla^{(e)}$-測地線

$$p_\theta(\omega) = p(\omega)\, e^{\theta F(\omega) - \psi(\theta)}$$

を考えると,

$$p(\omega) = p_{\theta_b}(\omega)\, e^{-\theta_b F(\omega) + \psi(\theta_b)}$$

だから

$$
\begin{aligned}
P\left(\frac{S_N}{N} \geq a\right) &\geq P\left(a \leq \frac{S_N}{N} \leq c\right) \\
&= \sum_{\substack{\omega_1, \ldots, \omega_N \\ aN \leq S_N \leq cN}} p^{\otimes N}(\omega_1, \ldots, \omega_N) \\
&= \sum_{\substack{\omega_1, \ldots, \omega_N \\ aN \leq S_N \leq cN}} p_{\theta_b}^{\otimes N}(\omega_1, \ldots, \omega_N)\, e^{-\theta_b\{F(\omega_1) + \cdots + F(\omega_N)\} + N\psi(\theta_b)} \\
&\geq e^{-\theta_b cN + N\psi(\theta_b)} \sum_{\substack{\omega_1, \ldots, \omega_N \\ aN \leq S_N \leq cN}} p_{\theta_b}^{\otimes N}(\omega_1, \ldots, \omega_N)
\end{aligned}
$$

ここで, 確率分布 p_{θ_b} は

$$E_{p_{\theta_b}}[F] = b$$

を満たす分布であるから, 大数の弱法則より, 十分小さな任意の $\varepsilon > 0$ に対し, ある自然数 N_0 が存在して, $N \geq N_0$ で

$$\sum_{\substack{\omega_1, \ldots, \omega_N \\ aN \leq S_N \leq cN}} p_{\theta_b}^{\otimes N}(\omega_1, \ldots, \omega_N) = P_{\theta_b}\left(\left|\frac{S_N}{N} - b\right| \leq \delta\right) > 1 - \varepsilon$$

が成り立つ. 以上から

$$\frac{1}{N} \log P\left(\frac{S_N}{N} \geq a\right) \geq -\{\theta_b c - \psi(\theta_b)\} + \frac{\log(1 - \varepsilon)}{N}$$

$$= -\{\theta_b b - \psi(\theta_b)\} - \theta_b \delta + \frac{\log(1 - \varepsilon)}{N}$$

$$= -R(b) - \theta_b \delta + \frac{\log(1 - \varepsilon)}{N}$$

となり

$$\liminf_{N \to \infty} \frac{1}{N} \log P\left(\frac{S_N}{N} \geq a\right) \geq -R(b) - \theta_b \delta$$

を得る. そして $\delta > 0$ は任意であったから, $\delta \downarrow 0$ とすれば (7.21) が得られる. □

第8章

量子状態空間の幾何構造

　ここまで，双対平坦構造を駆使して，統計物理学や統計学における応用を述べてきた．双対平坦構造を活用した情報幾何学の応用は枚挙にいとまがないので，それらについては他書を参照してもらいたい[1]．ところで，数学的には双対平坦性が成り立たない空間にも興味がある．そして表 4.1 でも述べたように，そこには茫漠とした未開の地が残されている．この方面にはいろいろな研究の方向性があって然るべきであるが，情報幾何学の源泉が統計学にあったことを思い起こすと，近年進展が著しい量子統計学をカバーする情報幾何構造を是非とも解明したいところである．しかしこれは文字通り「言うは易く行うは難し」で，なかなか一筋縄には行かない．そこで最終章となる本章では，この問題の難しさのゆえんを垣間見ることにしよう．

8.1　状態と測定

　量子力学によれば，対象とする物理系に対し，ある複素 Hilbert 空間[2]$\mathcal{H}$ が

---

[1] 例えば，甘利・長岡 [10] や甘利 [12] は日本語で読める良書である．なお，Amari and Nagaoka [11] は甘利・長岡 [10] を英訳し大幅に加筆したものであり，当該分野の標準的教科書として国際的な名声を得ている．
[2] 内積を有する線形空間であって，その内積が定めるノルムに関して完備である空間を Hilbert 空間という．詳しくは，例えば，日合・柳 [13] などを参照.

付随し，状態や測定といった物理的概念は，$\mathcal{H}$ 上の線形作用素によって数学的に表現される．初めに記号についての約束を行っておこう．Hilbert 空間 $\mathcal{H}$ の内積を，物理の習慣に従って

$$\langle x|y\rangle \qquad (x, y \in \mathcal{H})$$

という記号で表し，第2の引き数 y について線形とする．つまり任意の複素数 a に対し

$$\langle x|ay\rangle = a\langle x|y\rangle$$

とする．従って内積の性質 $\overline{\langle x|y\rangle} = \langle y|x\rangle$ により，内積 $\langle x|y\rangle$ の第1の引き数 x に関しては共役線形となる．すなわち

$$\langle ax|y\rangle = \overline{a}\langle x|y\rangle$$

さらに，$x, y \in \mathcal{H}$ が与えられたとき，各 $z \in \mathcal{H}$ に対して $\langle y|z\rangle\, x \in \mathcal{H}$ を対応させる線形作用素を $|x\rangle\langle y|$ という記号で表す．すなわち

$$|x\rangle\langle y| : \mathcal{H} \longrightarrow \mathcal{H} : z \longmapsto \langle y|z\rangle\, x$$

である．このような記号法を用いるココロは以下の通りである．今，$\mathcal{H}$ の元を $|x\rangle$ と書くことにし，$\mathcal{H}$ の共役空間 $\mathcal{H}^*$ の元を $\langle y|$ と書くことにすれば[3]，上記作用は

$$(|x\rangle\langle y|)\, |z\rangle = |x\rangle\, (\langle y|z\rangle)$$

と書ける．つまり，形式的に結合法則を用いて計算したものと一致する．これは Dirac の記法とよばれるものであるが，内積は第2引き数に関して線形とするという約束と相俟ってすこぶる便利な記法であるので，以下ではこの記法を使っていくことにする．

次に，量子力学における状態と測定の記述方法について説明しよう．なお，前章まで有限集合 Ω 上の確率分布のみを扱ってきたことに対応させ，本書で

---

[3] $\mathcal{H}$ 上の連続線形汎関数全体からなる線形空間を共役空間という．Riesz の表現定理により $\mathcal{H}$ 上の連続線形汎関数は内積の形で書けるという事実が，上記記法の背景にあるアイデアである．

は $\mathcal{H}$ が有限次元 Hilbert 空間の場合のみを扱うこととする[4]. 従って, $\mathcal{H}$ は複素数ベクトル空間 $\mathbb{C}^n$ のことと思って構わない. 以下では $\mathcal{H}$ 上の線形作用素（行列）全体の集合を $\mathcal{L}(\mathcal{H})$, Hermite 作用素全体の集合を $\mathcal{L}_h(\mathcal{H})$ を書くことにする.

定義

　物理系の**状態**は, 非負定値でトレースが 1 の Hermite 作用素 ρ で表現される. そして, その全体の集合

$$\overline{\mathcal{S}} = \overline{\mathcal{S}}(\mathcal{H}) := \{\rho \in \mathcal{L}_h(\mathcal{H}) \,;\, \rho \geq 0,\ \mathrm{Tr}\,\rho = 1\}$$

を $\mathcal{H}$ 上の**状態空間**という. 状態 ρ のことを**密度作用素**ともいう.

例 8.1.1（量子 2 準位系）. $\mathcal{H} = \mathbb{C}^2$ とする. $\mathcal{L}(\mathcal{H})$ は 2×2 行列全体であり, $\mathcal{L}_h(\mathcal{H})$ はそのうちの Hermite 行列全体である. 実線形空間 $\mathcal{L}_h(\mathcal{H})$ の基底として, 単位行列 I および Pauli 行列

$$\sigma_x = \begin{bmatrix} 0 & 1 \\ 1 & 0 \end{bmatrix}, \quad \sigma_y = \begin{bmatrix} 0 & -i \\ i & 0 \end{bmatrix}, \quad \sigma_z = \begin{bmatrix} 1 & 0 \\ 0 & -1 \end{bmatrix}$$

をとることにする. $\rho \in \overline{\mathcal{S}}(\mathcal{H})$ は, まず $\mathrm{Tr}\,\rho = 1$ という条件から

$$\rho = \frac{1}{2}\left(I + x\sigma_x + y\sigma_y + z\sigma_z\right) \qquad (x, y, z \in \mathbb{R})$$

の形に限られる. そしてこの行列 ρ の固有値が

$$\frac{1 \pm \sqrt{x^2 + y^2 + z^2}}{2}$$

であることから, 非負定値性 $\rho \geq 0$ より $x^2 + y^2 + z^2 \leq 1$ が要請される. すなわち

$$\overline{\mathcal{S}}(\mathbb{C}^2) = \left\{\rho = \frac{1}{2}\left(I + x\sigma_x + y\sigma_y + z\sigma_z\right) \,;\, x, y, z \in \mathbb{R},\ x^2 + y^2 + z^2 \leq 1\right\}$$

である. こうして $\mathcal{H} = \mathbb{C}^2$ 上の状態空間 $\overline{\mathcal{S}}(\mathbb{C}^2)$ は, 対応

---

[4]これは一般性を大いに損なう仮定ではあるが, 例えば量子情報理論で重要な役割を演ずるスピン系などの量子系が実際に有限次元 Hilbert 空間上で記述されるという事実を念頭に置けば, あながち非現実的な仮定というわけでもない.

$$(x, y, z) \longmapsto \frac{1}{2}\left(I + x\sigma_x + y\sigma_y + z\sigma_z\right)$$

を介して $\mathbb{R}^3$ の単位球 $\{(x, y, z); x^2 + y^2 + z^2 \leq 1\}$ と同一視できることが分かる.

さて, $\mathcal{H} = \mathbb{C}^n$ 上の状態 ρ が 1 つ与えられたとすると, あるユニタリ作用素 U が存在して

$$\rho = U \begin{bmatrix} p_1 & & \mathbf{0} \\ & \ddots & \\ \mathbf{0} & & p_n \end{bmatrix} U^* \tag{8.1}$$

と対角化できる. このとき非負定値性 $\rho \geq 0$ はすべての固有値 p_i が非負であることと同値であり, $\mathrm{Tr}\,\rho = 1$ は $\sum_{i=1}^{n} p_i = 1$ と同値である. つまり対角成分 $(p_1, \ldots, p_n)$ は確率分布を与えている. このように, 量子状態 ρ とは, 確率分布の概念を非可換な行列の世界に拡張したものである.

なお, 対角化 (8.1) と同等ではあるが, 各固有値 p_i に付随する単位固有ベクトル e_i からなる $\mathcal{H}$ の正規直交基底 $\{e_i\}_{1 \leq i \leq n}$ を用いて

$$\rho = \sum_{i=1}^{n} p_i |e_i\rangle\langle e_i| \tag{8.2}$$

と書くこともある. これを **Schatten 分解** という. 各線形作用素 $E_i := |e_i\rangle\langle e_i|$ は, e_i の張る 1 次元部分空間 $\mathbb{C}e_i$ を像とする Hermite 作用素であって

$$E_i E_j = \left(|e_i\rangle\langle e_i|\right)\left(|e_j\rangle\langle e_j|\right) = |e_i\rangle\left(\langle e_i|e_j\rangle\right)\langle e_j|$$

$$= \delta_{ij}|e_i\rangle\langle e_j| = \delta_{ij} E_i$$

を満たすから, 要するにランク 1 の射影作用素である. もし固有値 $\{p_i\}_{1 \leq i \leq n}$ に重複がなければ, (8.2) は ρ のスペクトル分解に他ならない. Schatten 分解とは, スペクトル分解の各射影を, さらに互いに直交するランク 1 の射影まで細かくしたものである. 従って, 固有値に重複がある場合には Schatten 分解は一意には定まらないが, それは (8.1) のユニタリ作用素 U が一般には一意に定まらないことと同じことである.

　さて，状態空間 $\overline{\mathcal{S}}$ は凸結合に関して閉じている．すなわち，任意の状態 ρ, $\sigma \in \overline{\mathcal{S}}$ と任意の実数 $\lambda \in [0,1]$ に対し，

$$\lambda\rho + (1 - \lambda)\sigma \in \overline{\mathcal{S}}$$

である．従って $\overline{\mathcal{S}}$ は $\mathcal{L}_h(\mathcal{H})$ の（コンパクト）凸部分集合であるから，$\overline{\mathcal{S}}$ の任意の点は端点の凸結合で表せる．具体的にいうと，その端点は Schatten 分解 (8.2) にも登場するランク 1 の射影である[5]．ランク 1 の射影で表される状態を**純粋状態**という．

　例 8.1.2（量子 2 準位系：続き）．$\mathcal{H} = \mathbb{C}^2$ の場合の状態空間

$$\overline{\mathcal{S}}(\mathbb{C}^2) = \left\{ \rho = \frac{1}{2}\left(I + x\sigma_x + y\sigma_y + z\sigma_z \right) ; x, y, z \in \mathbb{R}, x^2 + y^2 + z^2 \leq 1 \right\}$$

が $\mathbb{R}^3$ の単位球 $\left\{ (x,y,z); x^2 + y^2 + z^2 \leq 1 \right\}$ と同一視できることを例 8.1.1 で見た．これは確かに $\mathbb{R}^3$ のコンパクト部分集合をなしている．そして $\overline{\mathcal{S}}(\mathbb{C}^2)$ の端点は $\mathbb{R}^3$ の単位球の表面にあたる単位球面 $\left\{ (x,y,z); x^2 + y^2 + z^2 = 1 \right\}$ に属する点であり，これが純粋状態に対応する．

　次に，測定を定義しよう．

定義

　$\mathbb{R}$ の有限部分集合 $\mathcal{X} = \{x_1, \ldots, x_r\}$ を測定結果の集合とする**測定**は

$$\text{すべての } x_i \in \mathcal{X} \text{ で } \Pi(x_i) \geq 0 \quad \text{かつ} \quad \sum_{i=1}^{r} \Pi(x_i) = I$$

を満たす写像

$$\Pi : \mathcal{X} \longrightarrow \mathcal{L}_h(\mathcal{H})$$

で表現される．測定のことを**正作用素値測度**（Positive Operator-Valued Measure，略して POVM）ということもある．

　上記定義は，あるシステムから情報を取得する手続き一般を測定と表現する

---
[5]ただし，Schatten 分解 (8.2) は状態 ρ の端点分解の一例にすぎない．古典確率分布空間と異なり，状態 ρ を端点の凸結合で表す方法は一般に一意ではない．

我々の日常感覚から乖離した観があるが，両者の橋渡しをするのが次の統計仮説である．

量子力学の統計仮説

　物理系が状態 ρ にあるとき，測定 Π を行った結果としてデータ $x_i \in \mathcal{X}$ が得られる確率は

$$p(x_i) = \text{Tr} \left\{ \rho \, \Pi(x_i) \right\}$$

で与えられる．

　このように，状態と測定の組を与えることで，初めて統計的記述が完了するのである[6]．なお，状態や測定に課された条件は，$p(x_i) = \text{Tr}\left\{\rho\,\Pi(x_i)\right\}$ が確率分布となるための条件である．実際，ρ を (8.2) のように Schatten 分解してみれば

$$p(x_i) = \sum_k p_k \langle e_k | \, \Pi(x_i) e_k \rangle \geq 0$$

となって $p(x_i)$ の正値性が分かり，

$$\sum_{i=1}^{r} p(x_i) = \text{Tr}\left\{ \rho \left(\sum_{i=1}^{r} \Pi(x_i) \right) \right\} = \text{Tr}\,\rho = 1$$

より規格化条件も満たされている．

　さて，測定のうち，各 $\Pi(x_i)$ が互いに直交する射影，すなわち

$$\Pi(x_i)\Pi(x_j) = \delta_{ij}\Pi(x_i)$$

を満たす Hermite 作用素で構成されているものを**射影的測定**という．このとき，測定データを表す集合 $\mathcal{X} = \{x_1, \ldots, x_r\}$ のサイズ r は必然的に Hilbert 空間 $\mathcal{H}$ の次元 $n = \dim \mathcal{H}$ 以下となる．以下では，射影的測定を P という記号で表すことにしよう．ところで，$\mathcal{X}$ を測定結果の集合とする射影的測定 P

---

[6]実験室に実在する物理系の状態をどの作用素 ρ で表現すればよいのか，あるいは実験室に実在する観測装置をどの正作用素値測度 Π で表現すればよいのか，という問題に答えることは難しい．ここでは，上のような数学的表現が与えられたという前提のもとで，量子統計学的問題を検討していくことにする．

が1つ与えられると，それに付随して

$$X := \sum_{i=1}^{r} x_i P(x_i)$$

という Hermite 作用素が1つ定まる．逆に，任意に Hermite 作用素 $A \in \mathcal{L}_h(\mathcal{H})$ が与えられると，そのスペクトル分解

$$A := \sum_{i=1}^{s} a_i P_i \tag{8.3}$$

から集合 $\mathcal{A} := \{a_1, \ldots, a_s\}$ を測定結果の集合とする射影的測定 $P = \{P_i\}$ が定まる．このように，射影的測定と Hermite 作用素とは，スペクトル分解を介して1対1に対応するのである．

　一昔前までの量子力学の教科書では，射影的測定のみを念頭に置いた説明がなされるのが通例であり，Hermite 作用素のことを**オブザーバブル**（Observable, 観測可能量）とよび，測定と測定結果をまとめて記述する便利な道具立てとして用いられていた[7]．そしてそこでは，複数のオブザーバブルが "同時測定可能" かどうかが，作用素の非可換性と関連づけて説明されていた．

　オブザーバブル $X_1, \ldots, X_k$ が**同時可測**であるとは，あるオブザーバブル A と（可測）関数の族 $f_1, \ldots, f_k$ があって

$$X_i = f_i(A) \qquad (i = 1, \ldots, k)$$

となることである．ここに，Hermite 作用素 A の関数 $f(A)$ は，A のスペクトル分解 (8.3) を介して

$$f(A) := \sum_{i=1}^{s} f(a_i) P_i \tag{8.4}$$

と定義される[8]．同時可測性とは，要するに A についての情報が得られれば，他のオブザーバブル X_i の情報は関数 f_i を介して分かってしまうということ

---

[7]この意味でオブザーバブルは，古典確率論における確率変数の非可換版と見なされる．

[8]もちろん，すべての固有値 a_i が関数 f の定義域に入っていることが前提である．

である. いったんこのように同時可測性を定義すると, 複数のオブザーバブルが同時可測であるための必要十分条件が, それらが同時スペクトル分解を持つこと, すなわち互いに可換であることが, 数学的定理として結論される. しかし, 同時確率分布を定める手続き一般を測定とよぶ立場からは, 同時可測なオブザーバブルだけを取り扱う必然性はない. そしてそのような広い立場での記述を行うためのフレームワークが上述の正作用素値測度なのである.

8.2 有限量子状態空間の双対構造

前章まで扱ってきた確率分布空間 $\mathcal{S}$ は, すべての $\omega \in \Omega$ に対して $p(\omega) > 0$ を満たす確率分布全体の集合としてきた. つまり, ある $\omega \in \Omega$ に対して $p(\omega) = 0$ となるような確率分布は除外してきた. これに対応して, 前節で導入した Hilbert 空間 $\mathcal{H}$ 上の状態空間 $\overline{\mathcal{S}}(\mathcal{H})$ を少し狭め, "正定値" な状態全体からなる $\overline{\mathcal{S}}(\mathcal{H})$ の部分集合

$$\mathcal{S} = \mathcal{S}(\mathcal{H}) := \{\rho \in \mathcal{L}_h(\mathcal{H}) \, ; \, \rho > 0, \, \mathrm{Tr}\, \rho = 1\}$$

を以下では扱うことにする[9].

例 8.2.1 (量子2準位系:続き). $\mathcal{H} = \mathbb{C}^2$ 上の状態空間は

$$\overline{\mathcal{S}}(\mathbb{C}^2) = \left\{\rho = \frac{1}{2}\left(I + x\sigma_x + y\sigma_y + z\sigma_z\right) \, ; \, x, y, z \in \mathbb{R}, \, x^2 + y^2 + z^2 \le 1\right\}$$

であったが, このうち正定値性 $\rho > 0$ を満たす状態は, 純粋状態に対応する単位球面 $\{(x, y, z); x^2 + y^2 + z^2 = 1\}$ を取り除いた集合, すなわち

$$\mathcal{S}(\mathbb{C}^2) = \left\{\rho = \frac{1}{2}\left(I + x\sigma_x + y\sigma_y + z\sigma_z\right) \, ; \, x, y, z \in \mathbb{R}, \, x^2 + y^2 + z^2 < 1\right\}$$

である.

さて, 量子状態空間 $\mathcal{S}(\mathcal{H})$ は自然な多様体構造を有するが[10], ではそこで許

---

[9] ここでは退化した量子状態を除外してしまったが, それらのなす多様体も, それはそれで古典論にはない性質を有する大変興味深い研究対象である.

[10] 例えば, 上記 $\mathcal{S}(\mathbb{C}^2)$ では (x, y, z) を (局所) 座標系だと思えばよい. 一般の場合も同様である. なお $\mathrm{Tr}\, \rho = 1$ という制約条件から, 多様体 $\mathcal{S}(\mathcal{H})$ の次元は $(\dim \mathcal{H})^2 - 1$ 次元である.

容される計量や接続は何であろうか．古典的状態空間である確率分布空間においては，Chentsov の定理 5.2.1 というものがあって，確率分布に対する自然な不変性の要請から，計量は Fisher 計量，接続は α-接続に定まってしまった．この定理の量子版があればよいのだが，残念ながらこれまでのところ，完全な回答は得られていない．しかし計量に関して言えば，部分的な結果が知られている．

定義

$\mathcal{S} = \mathcal{S}(\mathcal{H})$ 上の計量 g が**単調計量**であるとは，トレースを保存する任意の完全正写像 $\gamma : \mathcal{L}(\mathcal{H}) \to \mathcal{L}(\mathcal{H}')$ に対し，次式が成り立つことである．

$$g_\rho(X, X) \geq g_{\gamma(\rho)}(\gamma_* X, \gamma_* X) \qquad (\rho \in \mathcal{S}, \ X \in \mathcal{X}(\mathcal{S}))$$

ここで，γ が**完全正写像**とは，任意の自然数 n に対し，

$$\gamma^{(n)} := \gamma \otimes \mathrm{id}^{(n)} : \mathcal{L}(\mathcal{H}) \otimes \mathcal{L}(\mathbb{C}^n) \longrightarrow L(\mathcal{H}') \otimes \mathcal{L}(\mathbb{C}^n)$$

が正写像であること，すなわち $\mathcal{L}(\mathcal{H}) \otimes \mathcal{L}(\mathbb{C}^n)$ の正作用素 $A^{(n)}$ の像 $\gamma^{(n)}(A^{(n)})$ が再び正作用素となることである．トレースを保存する完全正写像は，物理的に許容される力学過程の最も一般的な数学的表現と見なされている．そしてこの写像のもとでの計量の単調性とは，物理過程によって情報が失われることはあっても増幅されることはない，という事実の自然な表現である．従ってこの要請は Chentsov の定理で採用された Markov 埋め込みによる不変性とは若干異なる条件であるが，$\mathcal{S}$ に許容される計量は当然この要請を満たすべきだと考えられる．Petz は，この要請を満たす単調計量が，作用素単調関数と 1 対 1 に対応することを見いだした[11]．

この重要な結果について少し説明しておこう．

区間 $J (\subset \mathbb{R})$ を定義域とする連続関数 $f : J \to \mathbb{R}$ が**作用素単調**であるとは，任意の有限次元 Hilbert 空間 $\mathcal{H}$ と，固有値がすべて J に属する $\mathcal{H}$ 上の任意の Hermite 作用素 A, B に対して

---

[11]D. Petz, "Monotone metrics on matrix spaces," *Linear Algebra and its Applications*, Vol. 244 (1996) pp. 81-96.

$$A \leq B \implies f(A) \leq f(B)$$

が成り立つことである. これは関数 f が単に単調関数であるというよりもずっと強い条件である (8.4 節参照).

次に, 量子状態 $\rho \in \mathcal{S}$ が任意に与えられたとき,

$$\Delta_\rho : \mathcal{L}(\mathcal{H}) \longrightarrow \mathcal{L}(\mathcal{H}) : A \longmapsto \rho A \rho^{-1}$$

で定まる $\mathcal{L}(\mathcal{H})$ 上の線形作用素を, 状態 ρ に付随する**モジュラー作用素**という. (8.2) のように ρ を Schatten 分解すると,

$$\Delta_\rho \left(|e_i\rangle\langle e_j| \right) = \rho \left(|e_i\rangle\langle e_j| \right) \rho^{-1} = \frac{p_i}{p_j} \left(|e_i\rangle\langle e_j| \right)$$

であるから, 作用素 $E_{ij} := |e_i\rangle\langle e_j|$ は Δ_ρ の "固有値" $\frac{p_i}{p_j}$ に対応する "固有ベクトル" である. そしてその全体 $\{E_{ij}\}_{1 \leq i,j \leq n}$ は Hilbert-Schmidt 内積 $(A|B) := \operatorname{Tr} A^* B$ に関して $\mathcal{L}(\mathcal{H})$ の正規直交基底をなす. 従って $\mathcal{L}(\mathcal{H})$ を Hilbert-Schmidt 内積に関する Hilbert 空間と見るとき, モジュラー作用素は

$$\Delta_\rho = \sum_{i,j} \frac{p_i}{p_j} |E_{ij})(E_{ij}|$$

と "Schatten 分解" できる. このことから特に Δ_ρ は $\mathcal{L}(\mathcal{H})$ 上の正定値 Hermite 作用素であることが分かる. そして関数 $f : \mathbb{R}_{++} \to \mathbb{R}$ が与えられたとき, (8.4) より

$$f(\Delta_\rho) = \sum_{i,j} f\left(\frac{p_i}{p_j}\right) |E_{ij})(E_{ij}| \tag{8.5}$$

となる.

さて, Petz による単調計量の特徴づけ定理は以下のように述べられる.

定理 8.2.2 (Petz). $\mathcal{S}(\mathcal{H})$ 上の任意の単調計量 g に対し, ある作用素単調な連続関数 $f : \mathbb{R}_{++} \to \mathbb{R}_{++}$ が一意に存在し

$$g_\rho(X, Y) = \operatorname{Tr}\left\{ X^{(m)} Y_f^{(e)} \right\} \tag{8.6}$$

と書ける. ここに $X^{(m)}$ は

$$X^{(m)} := X\rho \tag{8.7}$$

で定義される接ベクトル X の m-表現，$Y_f^{(e)}$ は作用素単調関数 f を用いて

$$Y_f^{(e)} := f(\Delta_\rho)^{-1} \left\{ (Y\rho)\rho^{-1} \right\} \tag{8.8}$$

で定義される接ベクトル Y の e-表現である．

定理 8.2.2 の証明は原論文に譲り，ここでは若干の説明を加えておこう．まず，同時対角化できる量子状態のクラスに ρ を制限したときに (8.6) が古典的状態空間上の Fisher 計量と一致するようにするため，通常は $f(1) = 1$ を仮定する．次に，$\mathcal{S}(\mathcal{H})$ を実多様体と見る場合には計量として実計量を用いるのが自然であるが，そうなるための必要十分条件は作用素単調関数 f が**対称**，すなわち

$$xf\left(\frac{1}{x}\right) = f(x)$$

を満たすことである．こうして，$f(1) = 1$ を満たす対称な作用素単調関数 $f: \mathbb{R}_{++} \to \mathbb{R}_{++}$ 全体の集合が重要であることが分かるので，この集合を $\mathcal{MON}$ と書くことにする．$\mathcal{MON}$ の元としては

$$\frac{2t}{1+t}, \quad \sqrt{t}, \quad \frac{t-1}{\log t}, \quad \frac{1+t}{2}$$

などがある[12]．そして $\mathcal{MON}$ に

$$f_1 \prec f_2 \iff \text{ すべての } t > 0 \text{ に対し } f_1(t) \le f_2(t)$$

で順序 $\prec$ を導入すると，$\mathcal{MON}$ には最大元と最小元が存在する．証明は章末の補足（8.4 節）に回すが，具体的には

$$f^S(t) := \frac{1+t}{2}$$

が $\mathcal{MON}$ の最大元であり，

---

[12]関数 $\dfrac{t-1}{\log t}$ の $t = 1$ での値は 1 と約束する．

$$f^R(t) := \frac{2t}{1+t}$$

が $\mathcal{MON}$ の最小元となる．つまり f^S は最小の単調量子 Fisher 計量を，f^R は最大の単調量子 Fisher 計量を与えるのである[13]．

ところで，(8.7) で定義される $X^{(m)}$ を X の m-表現とよぶのは，古典論の場合に $X^{(m)} = Xp$ を X の m-表現とよんだのと同じ着想に基づく．一方，(8.8) で定義される $Y_f^{(e)}$ を Y の e-表現とよぶ理由は，古典論において計量をペアリングで書いた式 (5.14) と (8.6) を見比べれば納得できるであろう．これらの命名の妥当性は議論を進めていく中でさらに明らかになっていくはずであるが，以下の便宜のため，古典論との密接な関係を示唆する補題を 1 つ与えておく．

補題 8.2.3. 状態 $\rho \in \mathcal{S}$ を任意に固定し，$X \in T_\rho\mathcal{S}$ とする．また $f \in \mathcal{MON}$ とする．

  (i) $\rho \in \mathcal{S}$ の Schatten 分解を (8.2) とすると，

$$X_f^{(e)} = \sum_{i,j=1}^n \frac{\langle e_i | X^{(m)} e_j \rangle}{p_j f\left(\dfrac{p_i}{p_j}\right)} |e_i\rangle\langle e_j|$$

  (ii) $\operatorname{Tr} X^{(m)} = 0$ および $\operatorname{Tr}\left\{\rho X_f^{(e)}\right\} = 0$ が成り立つ．

  (iii) ρ と $X^{(m)}$ が可換なら，すべての $f \in \mathcal{MON}$ に対し，$X_f^{(e)} = X^{(m)}\rho^{-1} = X \log \rho$ となる．

証明　任意の $A \in \mathcal{L}(\mathcal{H})$ は

$$A = \sum_{i,j=1}^n \langle e_i | A e_j \rangle |e_i\rangle\langle e_j|$$

と展開できる．この事実と (8.5) から導かれる関係式

---

[13]添字 S と R はそれぞれ SLD（Symmetric Logarithmic Derivative, 対称対数微分）と RLD（Right Logarithmic Derivative, 右対数微分）に由来する．次節で SLD に関する話題を取り上げる．

$$f(\Delta_\rho)^{-1}|e_i\rangle\langle e_j| = f\left(\frac{p_i}{p_j}\right)^{-1}|e_i\rangle\langle e_j|$$

を組み合わせれば

$$f(\Delta_\rho)^{-1}A = \sum_{i,j=1}^n \frac{\langle e_i|Ae_j\rangle}{f\left(\dfrac{p_i}{p_j}\right)}|e_i\rangle\langle e_j|$$

という公式を得る. 特に $A = X^{(m)}\rho^{-1}$ とすれば, 直ちに (i) を得る.

次に

$$\mathrm{Tr}\, X^{(m)} = \mathrm{Tr}\,(X\rho) = X(\mathrm{Tr}\,\rho) = 0$$

一方, (i) を用いれば

$$\rho\, X_f^{(e)} = \sum_{i,j=1}^n \frac{\langle e_i|X^{(m)}e_j\rangle\, p_i}{p_j f\left(\dfrac{p_i}{p_j}\right)}|e_i\rangle\langle e_j|$$

が分かるので, $\mathrm{Tr}\,(|e_i\rangle\langle e_j|) = \langle e_j|e_i\rangle = \delta_{ji}$ に気をつけて上式のトレースをとれば

$$\mathrm{Tr}\left\{\rho\, X_f^{(e)}\right\} = \sum_{i,j=1}^n \frac{\langle e_i|X^{(m)}e_j\rangle\, p_i}{p_j f\left(\dfrac{p_i}{p_j}\right)}\delta_{ij}$$

$$= \sum_{i=1}^n \frac{\langle e_i|X^{(m)}e_i\rangle}{f\,(1)} = \mathrm{Tr}\, X^{(m)} = 0$$

となって (ii) が証明される.

最後に ρ と $X^{(m)}$ が可換なら, これらの同時 Schatten 分解を (8.2) および

$$X^{(m)} = \sum_{i=1}^n x_i^{(m)}|e_i\rangle\langle e_i|$$

として (i) に代入すれば

$$X_f^{(e)} = \sum_{i,j=1}^n \frac{x_j^{(m)}\langle c_i|c_j\rangle}{p_j f\left(\dfrac{p_i}{p_j}\right)}|e_i\rangle\langle e_j|$$

$$= \sum_{i=1}^{n} \frac{x_i^{(m)}}{p_i f(1)} |e_i\rangle\langle e_i| = X^{(m)} \rho^{-1} = X \log \rho$$

を得る. 最後の等号は, 章末の補足で証明する一般的関係式

$$X \log \rho = \int_0^\infty (tI + \rho)^{-1} (X\rho) (tI + \rho)^{-1} \, dt$$

に ρ と $X^{(m)}$ が可換という事実を適用することで得られる. 以上で (iii) が証明された. □

　さて, 計量に関しては定理 8.2.2 のような特徴づけが既知であるが, 接続の特徴づけに関しては今のところ解決の見通しは立っていない. そこで暫定的方法として, 次のような方針で状態空間 $\mathcal{S} = \mathcal{S}(\mathcal{H})$ 上の双対構造 (g, ∇, ∇^*) を導入してみることにする. まず, 実単調計量 g を任意に固定する (つまり $f \in \mathcal{MON}$ を任意に固定する). 次に, $\mathcal{S}$ が実線形空間 $\mathcal{L}_h(\mathcal{H})$ の凸部分集合であることに着目し, $\mathcal{L}_h(\mathcal{H})$ の自然なアファイン構造から誘導されるアファイン接続 $\nabla^{(m)}$ を $\mathcal{S}$ の接続の1つとして採用する. こうしておいて, あとは双対性

$$X g(Y, Z) = g(\nabla_X^{(m)} Y, Z) + g(Y, \nabla_X^{(e)} Z)$$

を満たすように $\nabla^{(e)}$-接続を定義すれば, $\mathcal{S}$ の双対構造 $(g, \nabla^{(e)}, \nabla^{(m)})$ が1つ定まるというわけである.

　さて, $\nabla^{(m)}$-接続は $\mathcal{S}$ を包む $\mathcal{L}_h(\mathcal{H})$ のアファイン構造から誘導されたものであるから, 自動的に平坦な接続となっている. 従って定理 4.1.2 より, $\nabla^{(e)}$ の曲率もゼロである. この事実は, $\nabla^{(m)}$-接続および $\nabla^{(e)}$-接続に対応する遠隔平行移動が存在することを意味する. 実際, 接空間の m-表現と e-表現を

$$T_\rho^{(m)} \mathcal{S} := \{X^{(m)} \, ; \, X \in T_\rho \mathcal{S}\}$$

$$T_\rho^{(e)} \mathcal{S} := \{X_f^{(e)} \, ; \, X \in T_\rho \mathcal{S}\}$$

と定義しよう. すると古典確率分布空間における定理 5.3.2 と同様,

$$T_\rho^{(m)} \mathcal{S} = \{A \in \mathcal{L}_h(\mathcal{H}) \, ; \, \mathrm{Tr}\, A = 0\} \tag{8.9}$$

および

$$T_\rho^{(e)}\mathcal{S} = \{L \in \mathcal{L}_h(\mathcal{H})\,;\, \mathrm{Tr}\,\{\rho L\} = 0\} \tag{8.10}$$

という特徴づけが可能であることが，補題 8.2.3 より直ちに結論される．そこで再び古典論と同様，m-平行移動と e-平行移動をそれぞれ

$$\prod^{(m)} : T_\rho^{(m)}\mathcal{S} \longrightarrow T_\sigma^{(m)}\mathcal{S} \,:\, A \longmapsto A \tag{8.11}$$

および

$$\prod^{(e)} : T_\rho^{(e)}\mathcal{S} \longrightarrow T_\sigma^{(e)}\mathcal{S} \,:\, L \longmapsto L - (\mathrm{Tr}\,\{\sigma L\})\,I \tag{8.12}$$

で定義すると．この無限小版がそれぞれ $\nabla^{(m)}$-接続および $\nabla^{(e)}$-接続となることも，定理 5.3.3 と同様に証明できる．

$\mathcal{S}$ の局所座標系 (ξ^i) を用いて，計量の成分と接続係数を具体的に書き下してみよう．まず ∂_i の m-表現は $\partial_i\rho$ であり，e-表現を $L_i := (\partial_i)_f^{(e)}$ と略記すれば，これらのペアリングで書かれる計量は

$$g_{ij} = \mathrm{Tr}\,\{(\partial_i\rho)L_j\}$$

となる．次に，$\nabla^{(m)}$-接続は $\mathcal{L}_h(\mathcal{H})$ の自然なアフィン構造から誘導される接続であるから，$\nabla_{\partial i}^{(m)}\partial_j$ の m-表現は

$$\left(\nabla_{\partial i}^{(m)}\partial_j\right)^{(m)} = \partial_i\partial_j\rho$$

である．そして恒等式

$$\partial_i\mathrm{Tr}\,\{(\partial_j\rho)L_k\} = \mathrm{Tr}\,\{(\partial_i\partial_j\rho)L_k\} + \mathrm{Tr}\,\{(\partial_j\rho)(\partial_i L_k)\}$$

と双対性

$$\partial_i g(\partial_j, \partial_k) = g(\nabla_{\partial i}^{(m)}\partial_j, \partial_k) + g(\partial_j, \nabla_{\partial i}^{(e)}\partial_k)$$

を見比べれば

$$\Gamma_{ij,k}^{(m)} = \mathrm{Tr}\,\{(\partial_i\partial_j\rho)L_k\}\,, \qquad \Gamma_{ik,j}^{(e)} = \mathrm{Tr}\,\{(\partial_i L_k)(\partial_j\rho)\}$$

が得られる．これらはそれぞれ (5.16) および (5.15) に対応している．

以上のように，実単調計量 g，すなわち作用素単調関数 $f \in \mathcal{MON}$ を与えるごとに，$\mathcal{S}$ の双対構造 $(g, \nabla^{(e)}, \nabla^{(m)})$ が定まることが分かった．そしてそれぞれの接続に関する Riemann 曲率 $R^{(m)}$ も $R^{(e)}$ も共に消え，$\nabla^{(m)}$ に関する捩率 $T^{(m)}$ も消える．では，$\nabla^{(e)}$ に関する捩率 $T^{(e)}$ はどうなっているだろうか．定理 4.1.3 からも分かるように，$T^{(e)}$ は必ずしもゼロとはならない．実は，より精密な結果が知られている．

定理 8.2.4（Nagaoka）．$T^{(e)} = 0$ となるのは，$f \in \mathcal{MON}$ として

$$f(t) = \frac{t-1}{\log t} \tag{8.13}$$

を用いたとき，すなわち g が Bogoliubov 計量

$$g_\rho(X, Y) = \mathrm{Tr}\left\{(X\rho)(Y \log \rho)\right\} \tag{8.14}$$

のときかつそのときに限る．

証明　関数 (8.13) が誘導する接ベクトル $X \in T_\rho \mathcal{S}$ の e-表現 $X_f^{(e)}$ が $X \log \rho$ であることの証明は章末の補足に回し，ここでは $T^{(e)} = 0$ となるためには $X_f^{(e)} = X \log \rho$ であることが必要十分であることを証明しよう．

十分性は

$$\Gamma_{ij,k}^{(e)} = \mathrm{Tr}\left\{(\partial_i \partial_j \log \rho)(\partial_k \rho)\right\} = \mathrm{Tr}\left\{(\partial_j \partial_i \log \rho)(\partial_k \rho)\right\} = \Gamma_{ji,k}^{(e)}$$

から分かる．必要性を示そう．まず，$L_i := (\partial_i)_f^{(e)}$ とすると，

$$g(T^{(e)}(\partial_i, \partial_j), \partial_k) = \Gamma_{ij,k}^{(e)} - \Gamma_{ji,k}^{(e)} = \mathrm{Tr}\left\{(\partial_i L_j - \partial_j L_i)(\partial_k \rho)\right\} \tag{8.15}$$

である．次に，補題 8.2.3 の (ii) より，$\mathrm{Tr}\{\rho L_j\} = 0$ が恒等的に成り立つので，この式に ∂_i を作用させて

$$0 = \mathrm{Tr}\left\{(\partial_i \rho)L_j\right\} + \mathrm{Tr}\left\{\rho(\partial_i L_j)\right\}$$

を得る．ここで $\mathrm{Tr}\{(\partial_i \rho)L_j\} = g_{ij}$ であるから，特に i と j に関して対称である．従って上式より

$$\mathrm{Tr}\,\{\rho(\partial_i L_j)\} = \mathrm{Tr}\,\{\rho(\partial_j L_i)\}$$

すなわち

$$\mathrm{Tr}\,\{\rho(\partial_i L_j - \partial_j L_i)\} = 0$$

が分かる．よって接ベクトルの e-表現の特徴づけ (8.10) より

$$\partial_i L_j - \partial_j L_i \in T_\rho^{(e)}\mathcal{S}$$

が得られ，(8.15) と見比べることにより，接ベクトル $T^{(e)}(\partial_i, \partial_j) \in T_\rho\mathcal{S}$ の e-表現が

$$\left\{ T^{(e)}(\partial_i, \partial_j) \right\}^{(e)} = \partial_i L_j - \partial_j L_i$$

で与えられることが結論される．このことから，$T^{(e)} = 0$ となるための必要十分条件は，あるポテンシャル関数 $F : \mathcal{S} \to \mathcal{L}(\mathcal{H})$ が存在して $L_i = \partial_i F$ となることである．

　さて，$\mathcal{L}(\mathcal{H})$ の可換部分代数 $\mathcal{A}$ を任意に固定すると，$\mathcal{S} \cap \mathcal{A}$ は古典確率分布空間と同一視できるから，補題 8.2.3 の (iii) より，この上では $L_i = \partial_i \log\rho$ と書ける．従って $L_i = \partial_i F$ なるポテンシャル関数があったとすると，それは各可換部分代数 $\mathcal{A}$ に制限するごとに，ある作用素 $C_\mathcal{A}$ を用いて

$$F(\rho) = \log\rho + C_\mathcal{A} \qquad (\forall \rho \in \mathcal{S} \cap \mathcal{A})$$

と書かれることになる．しかも，すべての可換部分代数 $\mathcal{A}$ に属する元

$$\frac{I}{\dim\mathcal{H}}$$

が $\mathcal{S}$ に存在するので，上記作用素 $C_\mathcal{A}$ は $\mathcal{A}$ の選び方には依存せず，すべての $\mathcal{A}$ に共通の作用素でなければならない．さらに，任意の状態 $\rho \in \mathcal{S}$ に対し，ある可換部分代数 $\mathcal{A}$ が存在して，$\rho \in \mathcal{S} \cap \mathcal{A}$ となることから，結局，すべての $\rho \in \mathcal{S}$ に対して

$$F(\rho) = \log\rho + C$$

となり，これから $L_i = \partial_i \log \rho$ が結論される． □

　さて，定理 8.2.4 は，Bogoliubov 計量 (8.14) が誘導する幾何構造が量子情報幾何学の中で特異な位置を占めていることを主張するものである．つまり単調計量 g は，g が Bogoliubov 計量のときかつそのときに限り，$\mathcal{S}(\mathcal{H})$ の双対平坦構造 $(g, \nabla^{(e)}, \nabla^{(m)})$ を誘導する．そして Bogoliubov 計量の形 $g_\rho(X, Y)$ $= \mathrm{Tr}\{(X\rho)(Y \log \rho)\}$ からも分かるように，古典的確率分布 p を密度作用素 ρ で置き換えただけの，いわば古典論と全くパラレルな世界がそこにあるのである．

　もし前章で見たような古典統計学における双対平坦構造の華麗なる有用性が，Bogoliubov 計量が誘導する幾何構造の有用性としてそのまま量子統計学に遺伝していたなら，我々は単純で楽天的な世界観を享受できたことであろう．ところが皮肉なことに，この幾何構造は，これまでの量子統計学の進展の中で何らの重要性も見いだされていないのである．つまり量子統計学的に意味を持つ情報幾何構造の探究を目指すならば，それは必然的に双対平坦多様体という楽園からの訣別を伴うことになる．

　どのような世界がそこに待ち受けているのか，全貌はまだよく分かっていないのだが，次節ではそのごく一端を紹介しようと思う．話の流れを明確にするため，量子推定理論から引用する定理の証明は割愛するが，大筋の理解には支障ないはずである．7.1 節で展開した古典統計的パラメータ推定問題との相違を感じ取ってもらえれば幸いである．

8.3　量子統計的パラメータ推定問題

　d 次元パラメータ ξ で指定される量子状態の族

$$M = \{\rho_\xi \in \mathcal{S}(\mathcal{H})\,;\, \xi = (\xi^1, \ldots, \xi^d) \in \Xi\}$$

を考えよう．ここに $1 \leq d \leq (\dim \mathcal{H})^2 - 1$ で，かつ Ξ は $\mathbb{R}^d$ の領域とする．以下では簡単のため，M が ξ を局所座標系とする $\mathcal{S}(\mathcal{H})$ の部分多様体と見なせる状況を考える．こうして定まる量子状態の族 M を，パラメータ ξ を持つ $\mathcal{H}$ 上の d 次元**量子統計的モデル**という．

さて，着目するシステムが，モデル $M = \{\rho_\xi\}_\xi$ に属する状態のいずれかの状態にあるのだが，真の状態は未知であるという状況を考えよう．このとき，測定を介して真の状態に対応するパラメータ値 ξ を推定する問題を**量子統計的パラメータ推定問題**という．

> **定義**
>
> ある集合 $\mathcal{X}$ に測定結果を持つ測定 Π と，得られたデータからパラメータ値を対応づける写像 $\hat{\xi}\colon \mathcal{X} \to \Xi$ の組 $(\Pi, \hat{\xi})$ を，パラメータ ξ の**推定量**という．

古典論と同様，すべての $\xi \in \Xi$ に対して推定量の期待値が真のパラメータ値 ξ に一致する推定量，すなわち

$$E_{\rho_\xi}[\Pi, \hat{\xi}] := \sum_{x \in \mathcal{X}} \hat{\xi}(x) \mathrm{Tr}\{\rho_\xi \Pi(x)\} = \xi \qquad (\forall \xi \in \Xi)$$

を満たす推定量 $(\Pi, \hat{\xi})$ を不偏推定量というが，ここでは条件を弱め，上記不偏性条件が，着目する点の周りで ξ に関する Taylor 展開の 1 次のオーダーまで成り立つような推定量のクラスを導入する．

> **定義**
>
> 与えられた点 $\xi_0 \in \Xi$ において，
>
> $$\sum_{x \in \mathcal{X}} \hat{\xi}^i(x) \mathrm{Tr}\{\rho_\xi \Pi(x)\} \bigg|_{\xi = \xi_0} = \xi_0^i \qquad (i = 1, \dots, d)$$
>
> および
>
> $$\frac{\partial}{\partial \xi^j} \sum_{x \in \mathcal{X}} \hat{\xi}^i(x) \mathrm{Tr}\{\rho_\xi \Pi(x)\} \bigg|_{\xi = \xi_0} = \delta_j^i \qquad (i, j = 1, \dots, d)$$
>
> を満たす推定量 $(\Pi, \hat{\xi})$ を，**点 ξ_0 における局所不偏推定量**という．

もちろん，ある推定量があって，すべての点 $\xi \in \Xi$ で局所不偏であるなら，それは不偏推定量に他ならない．さて，推定量の良し悪しを量る基準として，再び分散・共分散

$$\left(V_{\rho_\xi}[\Pi, \hat{\xi}]\right)^{ij} := \sum_{x \in \mathcal{X}} \left(\hat{\xi}^i(x) - \xi^i\right) \left(\hat{\xi}^j(x) - \xi^j\right) \mathrm{Tr}\left\{\rho_\xi \Pi(x)\right\}$$

を採用しよう. そして, この量を第 (i, j) 成分とする分散・共分散行列 $V_{\rho_\xi}[\Pi, \hat{\xi}]$ をできるだけ小さくするような, 各点 ξ における局所不偏推定量 $(\Pi, \hat{\xi})$ を探すという問題を考えてみる[14]. この問題を考えるうえで重要なのが, 次の計量である.

定義

作用素単調関数 $f^S(t) = \dfrac{1+t}{2}$ が生成する接ベクトル $X \in T_\rho M$ の e-表現 $X_{f^S}^{(e)}$ を**対称対数微分** (SLD) という. そして対応する単調計量 g^S を **SLD 計量**という.

SLD 計量の具体的表式を求めてみよう. $L_X^S := X_{f^S}^{(e)}$ と書くと, L_X^S は方程式

$$X\rho = \frac{1}{2}(L_X^S \rho + \rho L_X^S) \tag{8.16}$$

の Hermite 解である. 実際, e-表現の定義式 (8.8) より

$$L_X^S = f^S(\Delta_\rho)^{-1}\left\{(X\rho)\rho^{-1}\right\}$$

だから

$$(X\rho)\rho^{-1} = f^S(\Delta_\rho)L_X^S = \left(\frac{1+\Delta_\rho}{2}\right)L_X^S = \frac{1}{2}\left(L_X^S + \rho L_X^S \rho^{-1}\right)$$

となり, 両辺に右から ρ を作用させれば (8.16) を得る. 従って

$$g^S(X, Y) = \mathrm{Tr}\left\{(X^{(m)})(Y_{f^S}^{(e)})\right\} = \mathrm{Tr}\left\{(X\rho)(L_Y^S)\right\}$$
$$= \frac{1}{2}\mathrm{Tr}\left\{(L_X^S \rho + \rho L_X^S)L_Y^S\right\}$$

となるから, 状態 ρ に依存した $\mathcal{L}_h(\mathcal{H})$ 上の実内積

---

[14] パラメータ ξ の真の値が未知だからこそ推定したいのに, その未知の値に依存する局所不偏推定量を使って推定するというのは論理的におかしいではないか, と感じた読者もいることであろう. この難点は適応的推定という方法を用いることで回避できるのだが, それについて詳しく言及することは本書の趣旨から逸脱するので, ここでは省略する.

$$\langle A, B \rangle_\rho := \frac{1}{2} \mathrm{Tr} \{\rho(AB + BA)\} \tag{8.17}$$

を導入すると,

$$g^S(X, Y) = \langle L_X^S, L_Y^S \rangle_\rho \tag{8.18}$$

となる.

さて, 古典論における Cramér-Rao の定理 7.1.3 の証明で用いた内積 (7.3) の代わりに内積 (8.17) を用いれば, 古典論とほぼ同じ論法で次の定理が証明できる.

定理 8.3.1 (量子 Cramér-Rao). モデル $M = \{\rho_\xi; \xi \in \Xi\}$ の点 ξ における任意の局所不偏推定量 $(\Pi, \hat{\xi})$ に対し, 不等式

$$V_{\rho_\xi}[\Pi, \hat{\xi}] \geq J(\xi)^{-1} \tag{8.19}$$

が成り立つ. ここで右辺に登場する行列 $J(\xi)$ は, その第 (i, j) 成分が局所座標系 $\xi = (\xi^i)$ に関する SLD 計量 g^S の成分 $g^S(\partial_i, \partial_j)$ として定まる行列である.

そして分散・共分散行列 $V_{\rho_\xi}[\Pi, \hat{\xi}]$ の下からの評価としては, 不等式 (8.19) は次の定理の意味で最良の評価を与えていることも証明できる. この事実は, 量子パラメータ推定理論において, SLD 計量が本質的に重要であることを意味している.

定理 8.3.2. $\xi \in \Xi$ における局所不偏推定量全体の集合を $\mathcal{E}_\xi$ とすると, 任意の $\boldsymbol{u} \in \mathbb{R}^d$ に対し

$$\inf_{(\Pi, \hat{\xi}) \in \mathcal{E}_\xi} {}^t\boldsymbol{u} V_{\rho_\xi}[\Pi, \hat{\xi}] \boldsymbol{u} = {}^t\boldsymbol{u} J(\xi)^{-1} \boldsymbol{u} \tag{8.20}$$

ところで, 定理 8.2.4 によれば, SLD 計量が誘導する $\mathcal{S} = \mathcal{S}(\mathcal{H})$ 上の双対構造では $\nabla^{(e)}$-接続の捩率 $T^{(e)}$ がゼロとはならない. その原因がどこにあるのかを明らかにするため, 具体的に $T^{(e)}$ を計算してみよう.

　まず，1点 $\rho \in \mathcal{S}$ における2つの接ベクトル $(X_1)_\rho, (X_2)_\rho$ を任意に固定し，これらに (8.12) で定義される $\nabla^{(e)}$-平行移動を施すことで，$\mathcal{S}$ 全体で平行なベクトル場 X_1, X_2 を作る．すると

$$T^{(e)}(X_1, X_2) = \nabla^{(e)}_{X_1} X_2 - \nabla^{(e)}_{X_2} X_1 - [X_1, X_2] = -[X_1, X_2]$$

となる．そこで $T^{(e)}(X_1, X_2)$ の m-表現

$$T^{(e)}(X_1, X_2)\rho = -X_1 X_2 \rho + X_2 X_1 \rho$$

を計算してみよう．$\nabla^{(e)}$-平行移動の定義 (8.12) から，$\rho \in \mathcal{S}$ における接ベクトル $(X_i)_\rho$ の e-表現を $L_i (\in T^{(e)}_\rho \mathcal{S})$ とすると，$\sigma \in \mathcal{S}$ における接ベクトル $(X_i)_\sigma$ の e-表現は

$$L_i - (\mathrm{Tr}\,\{\sigma L_i\})I$$

である．このことに注意してSLDの定義式

$$X_j \sigma = \frac{1}{2}\left[X_j^{(e)} \sigma + \sigma X_j^{(e)} \right]$$

を X_i で微分すれば

$$X_i X_j \sigma = \frac{1}{2}\left[\left(X_i X_j^{(e)} \right)\sigma + X_j^{(e)}\left(X_i \sigma \right) + \left(X_i \sigma \right) X_j^{(e)} + \sigma \left(X_i X_j^{(e)} \right) \right]$$

ここで

$$X_i X_j^{(e)} = X_i \left(L_j - (\mathrm{Tr}\,\{\sigma L_j\})I \right) = - \left(\mathrm{Tr}\,\{(X_i \sigma)L_j\} \right) I$$

だから，$\sigma = \rho$ とおき，SLDの定義式を再び用いれば

$$X_i X_j \rho = \frac{1}{2}\left[-2\left(\mathrm{Tr}\,\{(X_i \rho)L_j\} \right)\rho + L_j(X_i \rho) + (X_i \rho)L_j \right]$$
$$= -g^S_\rho(X_i, X_j)\rho + \frac{1}{4}\left[L_j(L_i \rho + \rho L_i) + (L_i \rho + \rho L_i)L_j \right]$$

よって，あとは単純計算により

$$T^{(e)}(X_1, X_2)\rho = -X_1 X_2 \rho + X_2 X_1 \rho = \frac{1}{4}[[L_1, L_2],\rho] \tag{8.21}$$

を得る．ここで，作用素 A, B の交換子は $[A, B] := AB - BA$ で定義される作

用素である.

　さて，上で計算した擾率の表式 (8.21) は，交換子 $[L_1, L_2]$ と ρ の交換子という 2 重交換子の形をしている．つまり擾率 $T^{(e)}$ が消えないという事実の背景には，状態 ρ や接ベクトルの e-表現の非可換性が関与している．非可換性は量子力学の本質であり，それが擾率という形で双対幾何構造に反映しているのである.

　実は，非可換性が関与するのは擾率だけではない．定理 8.3.2 で，方向 u を定めるごとに量子 Cramér-Rao 不等式の下界が inf の意味で達成できることを述べたが，この推定量は本質的に u に依存したものとなっている．言い換えれば，全ての u について一様に下界を達成する局所不偏推定量，つまり量子 Cramér-Rao 不等式 (8.19) の下界を行列として達成する局所不偏推定量は一般には存在しない．その理由を（不正確ではあるが）直感的に説明すると次のようになる．各パラメータ方向ごとに最適なオブザーバブルが存在するのだが，それらは一般に互いに非可換となり，従って同時可測とはならない，これが推定量の非存在の原因なのである．実際，量子 Cramér-Rao 不等式 (8.19) の下界が ξ において達成可能であるための必要十分条件は，ξ における d 個の SLD $L_1^S, \ldots, L_d^S$ がすべて可換であること，という事実を証明できる.

　では，仮に各点で SLD が全て可換だったとして，果たして有効推定量，すなわち全ての ξ で一様に下界を達成する不偏推定量は存在するのだろうか？古典論の場合，有効推定量が存在するための必要十分条件は定理 7.1.5 で与えられた．量子論においても，これとよく似た次の定理が成り立つ.

定理 8.3.3. モデル $M = \{\rho_\xi; \xi \in \Xi\}$ のパラメータ $\xi = (\xi^i)$ に有効推定量が存在するための必要十分条件は，互いに可換な Hermite 作用素の族 $\{F_1, \ldots, F_d\}$ が存在して，$\{F_1, \ldots, F_d, I\}$ が 1 次独立であり，ある座標変換 $\xi \mapsto \theta = \theta(\xi)$ を介して，モデルが

$$\rho_{\theta(\xi)} = e^{\frac{1}{2}(\theta^i F_i - \psi(\theta)I)} \rho_0 \, e^{\frac{1}{2}(\theta^i F_i - \psi(\theta)I)} \tag{8.22}$$

の形に書かれ，しかも ξ が M の期待値座標系

$$\xi^i = \eta_i := \mathrm{Tr}\{\rho_\theta F_i\}$$

となることである.

　状態族 (8.22) を仮に**量子指数型分布族**とよぶことにしよう. 古典論との大きな違いは, 指数因子 $e^{(\theta^i F_i - \psi(\theta)I)}$ が, 基準となる状態 ρ_0 の両側に "半分ずつ" 分かれている点である. これは SLD に基づく幾何に立脚していることに起因している. 実際, $\{F_i\}_i$ が互いに可換であることに注意して (8.22) を θ^i で微分すれば

$$\frac{\partial}{\partial \theta^i} \rho_\theta = \frac{1}{2} \left\{ (F_i - \partial_i \psi(\theta)I)\rho_\theta + \rho_\theta (F_i - \partial_i \psi(\theta)I) \right\}$$

となるので,

$$L_i^S = F_i - \partial_i \psi(\theta)I$$

を得る. これは $\nabla^{(e)}$-平行移動の形をしている. つまり状態族 (8.22) は $\mathcal{S}(\mathcal{H})$ の $\nabla^{(e)}$-自己平行部分多様体である. こうして量子指数型分布族は, 多様体としては $\nabla^{(e)}$-自己平行部分多様体をなすことが分かった. これは古典論における定理 5.5.1 に対応する.

　ところが, この逆も成立していた古典論とは異なり, 量子論ではこの逆が成立しないのである. 実際, 以下の例から, $\{F_i\}_i$ が必ずしも互いに可換でなくても, これらが生成する $\mathcal{S}(\mathcal{H})$ の $\nabla^{(e)}$-平行分布が可積分となり, 従って量子指数型分布族でない $\nabla^{(e)}$-自己平行部分多様体が存在する場合があることが分かる.

　例 8.3.4. $\mathcal{H} = \mathbb{C}^2$ 上の状態空間

$$\mathcal{S} = \left\{ \rho = \frac{1}{2}(I + x\sigma_x + y\sigma_y + z\sigma_z) \, ; \, x, y, z \in \mathbb{R}, \, x^2 + y^2 + z^2 < 1 \right\}$$

を考える. まず初めに, $(x, y, z) = (0, 0, z_0)$ に対応する状態

$$\rho_0 = \frac{1}{2}(I + z_0 \sigma_z)$$

における x 方向と y 方向の接ベクトル

$$(X_1)_{\rho_0} := (\partial_x)_{\rho_0}, \qquad (X_2)_{\rho_0} := (\partial_y)_{\rho_0}$$

を考える．これらの m-表現はそれぞれ

$$(X_1)^{(m)}_{\rho_0} = (\partial_x \rho)_{\rho_0} = \frac{\sigma_x}{2}, \qquad (X_2)^{(m)}_{\rho_0} = (\partial_y \rho)_{\rho_0} = \frac{\sigma_y}{2}$$

であるから，SLD の定義式 (8.16) より e-表現は

$$(X_1)^{(e)}_{\rho_0} = \sigma_x, \qquad (X_2)^{(e)}_{\rho_0} = \sigma_y$$

となる．そして接空間 $T_{\rho_0}\mathcal{S}$ の 2 次元部分空間

$$\Delta_{\rho_0} := \mathrm{Span}_{\mathbb{R}}\{(X_1)_{\rho_0}, (X_2)_{\rho_0}\}$$

を $\nabla^{(e)}$-平行移動して，$\mathcal{S}$ 全体で定義された 2 次元 $\nabla^{(e)}$-平行分布

$$\Delta_{\rho} := \mathrm{Span}_{\mathbb{R}}\{(X_1)_{\rho}, (X_2)_{\rho}\}$$

を考える．ここに $\rho \in \mathcal{S}$ での接ベクトル $(X_i)_{\rho}$ は，その e-表現が

$$(X_i)^{(e)}_{\rho} := (X_i)^{(e)}_{\rho_0} - \mathrm{Tr}\{\rho(X_i)^{(e)}_{\rho_0}\}I$$

で与えられるものであり，具体的に計算すると，

$$(X_1)^{(e)}_{\rho} = \sigma_x - xI, \qquad (X_2)^{(e)}_{\rho} = \sigma_y - yI$$

となる．さて，こうして作った 2 次元 $\nabla^{(e)}$-平行分布 Δ が可積分であることを示そう．そのためには，すべての点 $\rho \in \mathcal{S}$ で $([X_1, X_2])_{\rho} \in \Delta_{\rho}$ となることを示せばよい[15]．実際，(8.21) より $([X_1, X_2])_{\rho}$ の m-表現は

$$[X_1, X_2]\rho = -\frac{1}{4}\left[\left[(X_1)^{(e)}_{\rho}, (X_2)^{(e)}_{\rho}\right], \rho\right] = -\frac{y}{2}\sigma_x + \frac{x}{2}\sigma_y$$

となる．一方，SLD の定義式 (8.16) より

$$(X_1)^{(m)}_{\rho} = \frac{1-x^2}{2}\sigma_x - \frac{xy}{2}\sigma_y - \frac{xz}{2}\sigma_z$$

$$(X_2)^{(m)}_{\rho} = -\frac{xy}{2}\sigma_x + \frac{1-y^2}{2}\sigma_y - \frac{yz}{2}\sigma_z$$

を得る．以上から

---

[15]Frobenius の定理とよばれる．例えば，松島 [7, 第 3 章 3.8 節] を参照のこと．

$$([X_1, X_2])_\rho = -y(X_1)_\rho + x(X_2)_\rho$$

であることが分かり，$([X_1, X_2])_\rho \in \Delta_\rho$ が結論される．こうして 2 次元 $\nabla^{(e)}$-平行分布 Δ が可積分であることが証明された．この $\nabla^{(e)}$-平行分布 Δ の積分多様体が，各点 ρ で Δ_ρ を接空間とする $\nabla^{(e)}$-自己平行部分多様体である．具体的には (x, y) を（局所）座標系として

$$\rho_{(x,y)} = \frac{1}{2}\{I + x\sigma_x + y\sigma_y + z_0\sqrt{1 - x^2 - y^2}\,\sigma_z\} \tag{8.23}$$

と表せる．

さて，(8.23) で z_0 を動かすことによって得られる部分多様体の族は，$\nabla^{(m)}$-測地線である z-軸を基準とする $\mathcal{S}$ の双対葉層化を与えている．そして空間 $\mathcal{S}$ の回転対称性[16]により z 軸の取り方は任意であるので，実は任意の点で任意の 2 次元部分接空間を考え，そこから出発して $\nabla^{(e)}$-平行分布を作った場合も，実質的には上記計算に帰着される．

以上まとめると，量子状態空間 $\mathcal{S}(\mathbb{C}^2)$ は，ゼロでない捩率を有するにもかかわらず，任意の $\nabla^{(e)}$-平行分布は可積分となり，その積分多様体が 2 次元 $\nabla^{(e)}$-自己平行部分多様体となる．

なお，$F_1, F_2 \in \mathcal{L}_h(\mathbb{C}^2)$ が 1 次独立であって，しかも可換となるのは，F_1, F_2 のうち少なくとも一方が I の定数倍であるときに限られるので，(8.22) の型の 2 次元量子指数型分布族は $\mathcal{S}(\mathbb{C}^2)$ には存在しない．

こうして $\nabla^{(e)}$-自己平行性と有効推定量の存在は，量子論においては同等ではないことが分かった．実は，$\nabla^{(e)}$-自己平行性自体を量子統計学的に特徴づけることもできるのだが，話が専門的になりすぎるので，この辺りで筆を置こうと思う．いずれにせよ，統計多様体を量子論的枠組みに拡張して研究することにより，1 つひとつの概念が個性を持って各方向にスプリットし，古典統計学の世界ではつぶれて見えなかった本来の関係性があぶり出されてくる．これが量子情報幾何学の醍醐味である．

---

[16]正確に述べると，正規直交基底の変換として $\mathcal{H} = \mathbb{C}^2$ に作用する群 $SU(2)$ に関する状態空間 $\mathcal{S}(\mathcal{H})$ の共変性．

8.4 補足：作用素単調関数

Hilbert 空間 $\mathcal{H}$ 上の Hermite 作用素 A のスペクトルを $\sigma(A)$ と書くことにする．$\mathbb{R}$ の区間 J で定義された連続関数 $f : J \to \mathbb{R}$ が**作用素単調関数**であるとは，$\sigma(A), \sigma(B) \subset J$ である任意の $A, B \in \mathcal{L}_h(\mathcal{H})$ に対し

$$A \leq B \implies f(A) \leq f(B)$$

が成り立つことをいう．また連続関数 $f : J \to \mathbb{R}$ が**作用素凸関数**であるとは，$\sigma(A), \sigma(B) \subset J$ である任意の $A, B \in \mathcal{L}_h(\mathcal{H})$ に対し

$$f\left(\frac{A+B}{2}\right) \leq \frac{f(A)+f(B)}{2}$$

が成り立つことをいう[17]．このとき f の連続性から，任意の $\lambda \in [0,1]$ に対し

$$f(\lambda A + (1-\lambda)B) \leq \lambda f(A) + (1-\lambda)f(B)$$

が成立する．また $(-f)$ が作用素凸関数であるとき，f は**作用素凹関数**であるという．

作用素単調関数は通常の意味で単調関数であるが，単調関数が作用素単調であるとは限らない．例えば $f(t) = e^t$ は単調関数であるが作用素単調ではない．また，開区間 $\mathbb{R}_{++} := \{t \in \mathbb{R} ; t > 0\}$ で単調関数 $f(t) = t^p$ $(p > 0)$ を考えるとき，$0 < p \leq 1$ ならば作用素単調であるが，$p > 1$ では作用素単調ではない（Loewner-Heinz の定理）．同様に，作用素凸関数は通常の意味で凸関数であるが，凸関数が作用素凸関数であるとは限らない[18]．

以下の事実は基本的である．

> **命題 8.4.1.** 開区間 J 上の作用素単調関数 $f : J \to \mathbb{R}$ は微分可能である．

---

[17] $\sigma(A), \sigma(B) \subset J$ ならば，任意の $\lambda \in [0,1]$ に対して $\sigma(\lambda A + (1-\lambda)B) \subset J$ である．

[18] これらの事実，および命題 8.4.1-8.4.2 の証明については，例えば，日合・柳 [13, 第 5 章] を参照．

命題 8.4.2. 連続関数 $f : \mathbb{R}_{++} \to \mathbb{R}_{++}$ に対し，以下の性質は互いに同値である．

  (i) $f(t)$ が作用素単調.

  (ii) $\dfrac{t}{f(t)}$ が作用素単調.

  (iii) $\dfrac{1}{f(\frac{1}{t})}$ が作用素単調.

  (iv) $f(t)$ が作用素凹.

関数 $f : \mathbb{R}_{++} \to \mathbb{R}$ に対し

$$f^*(t) := tf\left(\frac{1}{t}\right)$$

を f の**転置**という．そしてすべての $t > 0$ に対して $f(t) = f^*(t)$ が成り立つとき，f は**対称**であるという．$f(1) = 1$ を満たす対称な作用素単調関数 $f :$ $\mathbb{R}_{++} \to \mathbb{R}$ 全体の集合を $\mathcal{MON}$ と書くことにしよう．$f \in \mathcal{MON}$ なら，単調性と対称性から $t > 0$ で $f(t) > 0$ となる．$\mathcal{MON}$ の元としては

$$\frac{2t}{1+t}, \quad \sqrt{t}, \quad \frac{t-1}{\log t}, \quad \frac{1+t}{2}$$

などがある．そして

$$f_1 \prec f_2 \quad \Longleftrightarrow \quad \text{すべての } t > 0 \text{ に対し } f_1(t) \le f_2(t)$$

で $\mathcal{MON}$ に順序 $\prec$ を導入すると，$\mathcal{MON}$ には最大元と最小元が存在する．

命題 8.4.3. $f(t) = \dfrac{1+t}{2}$ は $\mathcal{MON}$ の最大元であり，$f(t) = \dfrac{2t}{1+t}$ は $\mathcal{MON}$ の最小元である．

証明　$f \in \mathcal{MON}$ とするとき，すべての $t > 0$ で

$$\frac{2t}{1+t} \le f(t) \le \frac{1+t}{2}$$

が成り立つことを示せばよい．$f(t) = tf(1/t)$ の両辺を $t = 1$ で微分して

$$f'(1) = f(1) - f'(1) = 1 - f'(1)$$

だから $f'(1) = \frac{1}{2}$ となる．よって f の凹性より

$$f(t) \leq \frac{1+t}{2}$$

また $\tilde{f}(t) := f(t^{-1})^{-1}$ も作用素単調であるから，$\tilde{f} \in \mathcal{MON}$ となる．よって上と同じ論法により

$$f(t^{-1})^{-1} \leq \frac{1+t}{2}$$

となり，これを書き直せば

$$f(t) \geq \frac{2t}{1+t}$$

を得る． □

命題 8.4.4. $f(t) = \dfrac{t-1}{\log t}$ が誘導する接ベクトル $X \in T_\rho \mathcal{S}$ の e-表現 $X_f^{(e)}$ は $X \log \rho$ である．

証明 関数 $f(t) = \dfrac{t-1}{\log t}$ の $t = 1$ における連続性より，ρ の固有値に重複がない場合について証明すれば十分である．補題 8.2.3 (i) で求めた表式を利用すると，

$$
\begin{aligned}
X_f^{(e)} &= \sum_{i,j} \left(\frac{\log p_i - \log p_j}{p_i - p_j} \right) \langle e_i | X^{(m)} e_j \rangle | e_i \rangle \langle e_j | \\
&= \sum_{i,j} \left(\int_0^\infty \frac{dt}{(t + p_i)(t + p_j)} \right) \langle e_i | X^{(m)} e_j \rangle | e_i \rangle \langle e_j | \\
&= \int_0^\infty \left(\sum_i \frac{|e_i\rangle\langle e_i|}{(t + p_i)} \right) X^{(m)} \left(\sum_j \frac{|e_j\rangle\langle e_j|}{(t + p_j)} \right) dt \\
&= \int_0^\infty (tI + \rho)^{-1} (X\rho) (tI + \rho)^{-1} dt \\
&= X \log \rho
\end{aligned}
$$

を得る．ここで最後の等号を示すには，一般の $P, Q > 0$ に対して

$$\log P - \log Q = \int_0^\infty (tI + P)^{-1}(P - Q)(tI + Q)^{-1}\, dt$$

が成り立つことを示せば十分であるが，これはレゾルベント恒等式

$$(tI + Q)^{-1} - (tI + P)^{-1} = (tI + P)^{-1}(P - Q)(tI + Q)^{-1}$$

を積分すれば直ちに導かれる． □

参考文献

[1] 杉浦光夫『解析入門 I, II』東京大学出版会
[2] 笠原晧司『微分積分学』サイエンス社
[3] 齋藤正彦『線型代数入門』東京大学出版会
[4] 笠原晧司『線形代数学』サイエンス社
[5] 松本幸夫『多様体の基礎』東京大学出版会
[6] 村上信吾『多様体』共立出版
[7] 松島与三『多様体入門』裳華房
[8] 斎藤利弥『基礎常微分方程式論』朝倉書店
[9] 木村俊房『常微分方程式 II』岩波講座 基礎数学
[10] 甘利俊一・長岡浩司『情報幾何の方法』岩波講座 応用数学
[11] S. Amari and H. Nagaoka, *Methods of Information Geometry*, Translations of Mathematical Monographs, Vol. 191, AMS.
[12] 甘利俊一『情報幾何学の新展開』サイエンス社
[13] 日合文雄・柳研二郎『ヒルベルト空間と線型作用素』牧野書店

事項索引

人名索引

著者紹介

藤原　彰夫（ふじわら あきお）
1993 年　東京大学大学院工学系研究科修士課程修了
現　　在　大阪大学大学院理学研究科 教授
　　　　　博士（工学）
専　　門　数理工学，非可換統計学，情報幾何学

※本書は 2015 年 8 月に㈲牧野書店から刊行されましたが，共立出版㈱が継承し発行するものです.

情報幾何学の基礎	著　者　藤原彰夫　ⓒ 2021
―情報の内的構造を捉える新たな地平―	発行者　南條光章
Foundations of Information Geometry	発行所　**共立出版株式会社**

2021 年 5 月 31 日　初版 1 刷発行
2023 年 4 月 20 日　初版 3 刷発行

〒112-0006
東京都文京区小日向 4-6-19
電話番号　03-3947-2511（代表）
振替口座　00110-2-57035
www.kyoritsu-pub.co.jp

印　刷　大日本法令印刷
製　本

検印廃止
NDC 414
ISBN 978 4 320 11451 7

一般社団法人
自然科学書協会
会員

Printed in Japan

新井仁之・小林俊行・斎藤　毅・吉田朋広 編

「数学探検」「数学の魅力」「数学の輝き」
の三部構成からなる新講座創刊！

共立講座

数学の基礎から最先端の研究分野まで
現時点での数学の諸相を提供！！

数学探検 全18巻
数学を自由に探検しよう！

数学の魅力 全14巻 別巻1
確かな力を身につけよう！

数学の輝き 全40巻 予定
専門分野の醍醐味を味わおう！

「数学探検」各巻：A5判・並製
「数学の魅力」各巻：A5判・上製
「数学の輝き」各巻：A5判・上製

※続刊の書名，執筆者，価格は
変更される場合がございます
（税込価格）

※本三講座の詳細情報を共立出版公式サイト
「特設ページ」にて公開・更新しています。

共立出版

www.kyoritsu-pub.co.jp
https://www.facebook.com/kyoritsu.pub